建筑装饰装修职业技能岗位培训教材

建筑装饰装修镶贴工

（高级工　技师　高级技师）

中国建筑装饰协会培训中心组织编写

中国建筑工业出版社

图书在版编目（CIP）数据

建筑装饰装修镶贴工(高级工　技师　高级技师)/
中国建筑装饰协会培训中心组织编写．—北京：中国
建筑工业出版社，2002

建筑装饰装修职业技能岗位培训教材

ISBN 7-112-05582-2

Ⅰ．建…　Ⅱ．中…　Ⅲ．工程装修-技术培训-教
材　Ⅳ．TU767

中国版本图书馆 CIP 数据核字（2002）第 104195 号

建筑装饰装修职业技能岗位培训教材

建筑装饰装修镶贴工

（高级工　技师　高级技师）

中国建筑装饰协会培训中心组织编写

*

中国建筑工业出版社出版、发行（北京西郊百万庄）

新　华　书　店　经　销

北京市彩桥印刷厂印刷

*

开本：850×1168 毫米　1/32　印张：7¾　字数：208 千字
2003 年 7 月第一版　2003 年 7 月第一次印刷
印数：1—5000 册　　定价：11.00 元

ISBN 7-112-05582-2

TU·4902（11200）

本社网址：http：//www.china-abp.com.cn
网上书店：http：//www.china-building.com.cn

本教材考虑建筑装饰装修镶贴工的特点以及高级工、技师、高级技师"应知应会"内容，根据建筑装饰装修职业技能岗位标准和鉴定规范进行编写。全书由基本知识、识图、材料、机具、施工工艺和施工管理六章组成。以材料和施工工艺为主线。

　　本书可作为镶贴工技术培训教材，也适用于上岗培训以及读者自学参考。

出 版 说 明

为了不断提高建筑装饰装修行业一线操作人员的整体素质,根据中国建筑装饰协会 2003 年颁发的《建筑装饰装修职业技能岗位标准》要求,结合全国建设行业实行持证上岗、培训与鉴定的实际,中国建筑装饰协会培训中心组织编写了本套"建筑装饰装修职业技能岗位培训教材"。

本套教材包括建筑装饰装修木工、镶贴工、涂裱工、金属工、幕墙工五个职业(工种),各职业(工种)教材分初级工、中级工和高级工、技师、高级技师两本,全套教材共计 10 本。

本套教材在编写时,以《建筑装饰装修职业技能鉴定规范》为依据,注重理论与实践相结合,突出实践技能的训练,加强了新技术、新设备、新工艺、新材料方面知识的介绍,并根据岗位的职业要求,增加了安全生产、文明施工、产品保护和职业道德等内容。本套教材经教材编审委员会审定,由中国建筑工业出版社出版。

为保证全国开展建筑装饰装修职业技能岗位培训的统一性,本套教材作为全国开展建筑装饰装修职业技能岗位培训的统一教材。在使用过程中,如发现问题,请及时函告我会培训部,以便修正。

中国建筑装饰协会

2003 年 6 月

建筑装饰装修职业技能岗位标准、鉴定规范、习题集及培训教材编审委员会

前　言

　　本书是中国建筑装饰协会规定的"建筑装饰装修职业技能岗位培训统一教材"之一，是根据中国建筑装饰协会颁发的《建筑装饰装修职业技能岗位标准》和《建筑装饰装修职业技能鉴定规范》编写的。本书内容包括镶贴工高级工、技师、高级技师的基本知识、识图、机具、材料、施工工艺及施工管理等。通过系统的学习培训，可分别达到高级工、技师、高级技师的标准。

　　本书根据建筑装饰装修镶贴工的特点，以材料和工艺为主线，突出了针对性、实用性和先进性，力求作到图文并茂、通俗易懂。

　　本书由北京市建筑工程装饰公司高级工程师梁家珽主编，由韩立群主审，参编人员梁兵。在编写过程中得到了有关领导和同行的支持及帮助，参考了一些专著书刊，在此一并表示感谢。

　　本书除作为业内镶贴工岗位培训教材外，也适用于中等职业学校建筑装饰专业、职业高中教学及读者自学参考。

　　本教材与《建筑装饰装修镶贴工职业技能岗位标准、鉴定规范、习题集》配套使用。

　　由于时间紧迫，经验不足，书中难免存在缺点和错漏，恳请广大读者指正。

目　录

第一章 基 础 知 识

第一节 概 述

一、建筑工程发展简史介绍

建筑:一些辞典将建筑学简单地定义为"建造科学"。显然这个词在今日具有更加特殊的含义,它还包含了设计和研究,通过设计与研究运用装饰手段达到特殊的美学效果,区别于简单土木工程。

1.砌体技术

从根源上讲,建造的兴起,是在公元前 10000 多年的新石器时代,随着农业的出现,狩猎和穴居由家居社会所代替,这个时代人类的进化相当重要,在约旦发现了公元前 8000 年左右的一些最古老的居所的平面是圆形的,造型类似帐篷,石头地基,结构材料应该比黏土更高级。使用粗糙石头建造墙壁可能是最初的,也是最自然的解决办法。但是缺少石头的地区,最初使用的是利用阳光晒干的黏土,人们将黏土与麦秆混在一起做成土坯,很快就被木模脱制、晒干的土砖代替,这时期就开始有了简单的长方形房间和木制房顶的房屋(图 1-1)。这时用砖作为基本材料的建造技术已有相当大的进步,这就是最早的砌体技术。

2.墙体构造与抹灰技术

在土坯出现后又经历了大约 3000 年出现了烧制的黏土砖。仍然是在约旦发现的内墙面和地面上敷有用石头磨平抛光的石膏层,并涂成红色,有的墙壁上绘有彩色壁画,可以看出有的墙壁曾多次彩绘,与更早的岩洞壁画相似,这就是最早的墙体构造和抹灰、粉饰技术。

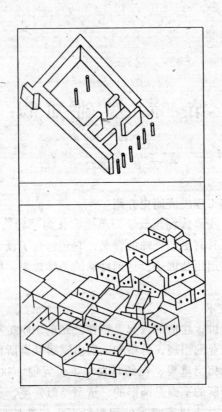

图 1-1　生活区

3．地面镶铺技术

在一个叫梅尔辛的地区，曾发掘出一个公元前 6 世纪中叶的军用碉堡，残留的防卫墙由土砖砌成，基础用石块垒筑，地面由石块铺成，这就是目前发现最早的地面镶贴技术。

4．墙面陶瓷锦砖镶贴技术

此后不久，神庙的外墙抹大泥发展到曲线、弧线墙体和墙体的雕刻，在一个叫埃纳的地区发现一座同期的保存更好的建筑例子。两座神庙由一个奇特的柱廊相互连接，巨大的圆柱由土坯砖砌成。院墙由半圆柱装饰。此外，一种原始而天才的装饰覆盖了所有建筑的内墙。这是一种由圆锥状的陶制嵌块组成的陶瓷锦砖。陶块涂有各种颜色，形成一幅的几何图案。就这样，色彩和结构竞相赋予建筑物以动感，装饰技巧与现代建筑物比美。在埃及首都还发现这个时期的一座神庙，外立面用陶瓷锦砖条纹而显得格外突出，这些陶瓷锦砖由长约 250mm 的圆锥状石膏块组成。这就是最早的镶贴技术。在公元前 3000 年初期外墙镶贴彩色石头和贝壳片做成的陶瓷锦砖，发展了镶贴材料。

5．墙壁浮雕技术

人们在乌鲁克地区发现一个神庙墙壁上的浮雕装饰，具体作法是当土坯砖还潮湿的时候就用模子把图案做出，待砖在窑中烘干后再拼出图案，这就是最早的墙壁浮雕装饰技术（图 1-2）。

图 1-2　浮雕装饰

二、建筑与环境

在对待建筑与环境的关系方面，中国古典园林有独到之处，它既利用环境，又不惜以人工的方法"造景"——按照人的意图创造自然环境，建筑融于自然环境，室内融于室外，统一和谐，融为一体（图1-3）。

图1-3 建筑与环境图

1. 污染

建筑空间，都是人们凭借着一定的特质材料从自然空间中围隔出来的，但经围隔之后，这种空间改变了性质——从自然空间变成人造空间。当前人们围隔的空间越来越大，建造的空间越来越舒适。如宽敞的商场、豪华的公寓，这些变化给人们带来快乐和自豪的同时，也带来一系列严重的问题，建材的大量使用、不可再生资源和能源的过量开采；建筑物的冬季采暖给环境造成的污染；夏季制冷由于建筑物隔热不良造成的电力浪费；室内空气品质不佳，影响人体健康和工作效率。由此带来的直接影响是室内空气品质的劣化、工作效率降低和各种现代病（如建筑病综合症、SBS、大楼并发症 BRI 和各种化学物过敏症等）的出现。再加上水域污染、大气污染、垃圾污染、噪声污染，近半个世纪人类对自然资源、能源的消耗以及对环境的破坏程度几乎相当于有史以来的总和。

2. 政策

我国环保治理起步晚，1992 年 7 月国务院环境保护委员会组织政府各部门制定中国可持续发展战略。建设部编写《民用建筑工程室内环境污染控制规范》，国家质量技术监督总局以"国质标函 [2002] 392 号"发布了《关于实施室内装饰装修材料有害物质限量 10 项强制性国家标准的通知》。对不同类型建筑室内氨、甲醛、苯、氡挥发性的有机物（TVOC）的含量指标和检测方法进行规定。如对室内装饰装修材料"人造板材"、"溶剂型木器涂料"、"内墙涂料"、"胶粘剂"、"木家具"、"壁纸"、"聚氯乙稀卷材地板"、"地毯、地毯衬垫及地毯胶粘剂"以及混凝土外加剂中释放氨的限量和放射性核素限量。

3. 治理

首先应有"绿色建筑的概念"，也就是建筑的寿命周期（规划、设计、施工、运行、拆除/再利用）内，通过降低资源和能源的消耗，减少废弃物的产生，最终实现与自然共生的建筑，它是"可持续发展建筑"的形象代名词。结合到项目工程中：

（1）学习环境保护的知识，树立环境保护的意识。

（2）遵守有关规章制度使用绿色建材（环保建材）。

（3）精心施工，在抹灰、镶贴工艺过程中严格把好质量关，不允许出现空鼓、断缝和空洞等现象，门窗缝隙严密，等等。

（4）保护成品，保护施工环境，洁净施工。

（5）节约原材料。

（6）杜绝随意剔凿开洞，绝对禁止重锤敲击。

（7）保护现场洁净。

三、室内装饰不当造成的环境污染与防治措施

根据美国环保的试示资料表明，在人类生存空间内环境污染最严重的地方是在居室里，因为人的一半以上时间是在居室内度过。在居室内常见到的对人体有害的污染，有以下几种：

1. 甲醛污染与防治

甲醛是一种无色、易溶的刺激性液体，长期接触低剂量甲醛可以引起慢性呼吸道疾病、女性月经紊乱、妊娠综合症，引起新生儿体质下降、染色体异常，甚至引起鼻咽癌。据流行病学调查，长期接触甲醛的人可引起鼻腔、口腔、咽喉、皮肤和消化道的癌症。

（1）甲醛来源于胶合板、细木工板（大芯板）、中密度纤维和刨花板等人造板材。因为甲醛具有较强的粘结性，还可以增强板材硬度和防虫、防腐功能，所以目前使用的胶粘剂是以甲醛为主要成分的脲醛树脂，板材中残留的甲醛会向周围释放。

（2）甲醛是制造树脂类涂料、保温隔音的脲醛泡沫塑料的主要原料。贴墙砖、地砖时往往在水泥砂浆中掺入聚乙烯醇缩甲醛（107胶）。目前已经禁止107胶在室内使用，因为它是由聚乙烯醇和甲醛化学反应的产物。胶中常有大量未参加反应的甲醛。挥发出的甲醛使人睁不开眼，咽喉肿痛，影响施工人员和住户的健康。

（3）为降低甲醛对人身的危害，应采用甲醛含量低的胶合板、细木工板、中密度板、刨花板装饰居室，国家标准规定每100g人造板的甲醛含量应小于10mg。

国家标准中《居室空气中甲醛的卫生标准》（GB/T 16127—1995）规定：室内空气中，甲醛的最高允许浓度为0.08mg/m³。在正常装修情况下装修完工7个月后应达到这种水平。

2. 放射性污染

一些元素自发地放出粒子或γ射线，在发生轨道电子俘获后放出X射线或者发生自发裂变现象，称为放射性。由此造成的污染称之为放射性污染。人体长期受到超过允许标准的照射会产生头晕、头痛、乏力、关节痛、记忆力减退、失眠、食欲不振、脱发和白细胞减少等现象，进而导致脑痛、白血病等。

天然石材、建筑陶瓷制品（瓷砖、卫生洁具、炉渣砖、黏土砖）等都可能产生放射性，根据我国检查测试资料，放射性主要源于花岗石。

但是我们应该认识到，人体本身也有放射性。放射性无处不在，我们人类的祖先就是在放射性条件下生活，已能够适应。因此放射性并不可怕，只要在允许范围内对人体是无害的，只要按我国分类标准合理使用天然石材对健康就没有影响。

对于天然石材，国家建材行业标准（JC 518—93）规定有三类：A类：其使用范围不受限制；B类：不可用于居室内，可用于其他一切建筑物的内外饰面；C类：可用于一切建筑物的外饰面。

3. 氡气的来源与危害

氡是一种无色、无味的放射性气体，几乎存在于所有建筑物之中。它是由自然界的铀、钍、镭三种放射性元素衰变形成的。

（1）室内氡气的主要来源：

①地基下的含氡母体的土壤和岩石。

②含氡母体的建筑材料。如：黏土、砖瓦、煤渣、水泥、石子、沥青、花岗石、瓷砖、陶瓷卫生洁具等。

③自来水、燃气、燃煤。

（2）氡气被人体吸收后产生的内照射比外照射危害更大。大部分肺癌就是在这一区域发生。不仅如此，能导致"不正常"细胞的迅速分裂，进而发生白血病和呼吸道系统病变。世界卫生组织列出19种肺癌诱因，第一位是吸烟，第二位是氡气污染。科学家计算表明，如果生活在室内氡浓度为200Bq的环境中，相当于每人每天吸15根烟。每年因此引起的死亡率很高，此外氡气还可能引起不孕或不育症、胎儿畸形、基因畸形遗传等后果。美国、端典、法国在出售和出租房屋时必须出示室内氡气检测合格证明，这已是被列入强制性标准。

（3）我国从2002年7月1日开始执行的十项强制性标准，通过该标准和建设部2002年1月1日起实施的民用建筑工程室内环境污染控制规范，对氡气的污染作了强制性检验和控制。

①新建、扩建的民用建筑工程，设计前必须进行建筑场地土壤中氡浓度的测定，并提供相应的检测报告。

②民用建筑工程中的设计必须根据建筑物的类型和用途，选取规范规定的建筑材料和装饰装修材料。

如：Ⅰ类民用建筑工程（指住宅、医院、老年建筑、幼儿园、学习教室等）必须采用A类无机非金属建筑材料和装修材料。（所指A类是"无机非金属装饰材料放射性指标限量"）。（见表1-1）

无机非金属装修材料放射性指标限量　　　　表 1-1

测定项目	限　　　量	
	A	B
内照射指数（Ira）	≤1.0	≤1.3
外照射指数（Ir）	≤1.3	≤1.9

③为了对消费者的健康安全负责，为了维护行业的正常发展和企业的合法利益，中国建筑卫生陶瓷协会于2001年初发文并组织了全国主要建筑卫生陶瓷生产企业针对建筑陶瓷产品的放射性进行了一次全面的、权威性的检测。

检测结果表明，绝大部分建筑卫生陶瓷产品（包括卫生洁具、瓷砖）属于A类，少量属于B类。由于陶瓷产品质量厚度小于$8g/cm^2$，可按A类产品管理、产销和使用不受限制，任何场合都可使用。但是进货时应有检测报告。

（4）降低室内氡的污染

氡是不可挥发的，加强通风可以临时降低室内浓度，但不能对氡气的来源产生作用。因此在房屋选址时就要避免含氡气量大的土壤或岩石，砌筑时选用放射小的砌块，装饰时使用放射性小的石板和瓷砖。

4.降低室内苯类物质污染

苯化合物已被世界卫生组织确定为强烈致癌物质。室内装饰中多用甲苯、二甲苯作为各种胶、涂料和防水材料的溶剂或稀释剂。人在短时间内吸入高浓度的甲苯、二甲苯时，可出现头痛、恶心、胸闷、乏力、意识模糊，严重者可致昏迷，引起呼吸循环系统衰竭而死亡。

甲苯和二甲苯也是易燃、易爆物品，挥发后遇明火会爆炸。1999 年 7 月 20 日北京安外一建筑工地使用稀释剂时有 19 人中毒，2 人死亡，事故经检测（15h 后）发现空气中苯含量超过国家允许含量 15 倍。施工时必须注意工程完工后应通风，使苯尽快挥发。住户应在两个月后入住。

我国已通过相关规范和强制性标准对胶合剂、涂料等含苯有害物质作了严格限量。

5. 降低室内氨气污染

氨是无色且具有强烈刺激性气味的气体，比空气轻，多用于冬季施工时掺入混凝土、砂浆内作为防冻剂，防冻效果好，但氨会从混凝土或砂浆中释放到空气中，湿度越高量越大。例如：有一家饭馆冬季施工浇筑的混凝土和抹灰砂浆使用了含尿素的防冻剂，氨味（尿味）不断出现，结果不得不关闭。

氨气被吸入肺后能通过肺泡进入血液与血红蛋白结合破坏氧运输功能。短期内吸入大量氨气后可出现流泪、咽痛、声音嘶哑、咳嗽、痰带血丝、胸闷、呼吸困难、头痛、恶心、呕吐、乏力等症状。严重者可发生肺水肿、成人吸吸窘迫综合症等。

北京市城乡建设委员会于 1999 年 12 月 22 日已经公布不得在住宅工程、公共建筑工程中使用"含尿素的混凝土防冻剂"。原因是"污染环境，长期散发异味"。

国家近期公布的"关于实施室内装饰装修材料有害物质限量"十项标准 GB 18588—2001 是"混凝土外加剂中释放氨的限量"。

6. 降低室内沼气污染

沼气主要成分是甲烷。它是天燃气、煤气的主要成分，是一种无色、无味的气体，当混有硫化氨时有刺鼻的臭味。

空气中的甲烷含量达到 25% ~ 30% 时就会使人发生头痛、

头晕、恶心，注意力不集中、动作不协调、乏力。若含量超过45%~50%以上时就会因严重缺氧而出现呼吸困难。

室内沼气来源于厨房、卫生间的地漏等部位的下水口，由于施工时地面泛水反向，排水口高于地面，往往水封被蒸干，造成地下窑井沼气逸出。

避免的措施就是水暖工安装下水口时要控制标高，抹灰工找好泛水，地面泄水通畅。

7. 降低室内粉尘污染

粉尘就是悬浮在空间的微小颗粒物质，往往是细菌和污染物的载体。粉尘过多，人易患呼吸系统或室内空气传播的其他疾病。

室内粉尘主要来源于室外粉尘和墙、地面的粗糙面，特别是水泥地面的起砂等。

防治措施：墙面、地面光滑不允许起砂裂。构缝要严、实，门窗要密闭，必要时加胶条。房间湿度不能小于50%。

8. 减少室内噪声污染

室内噪声污染包括室内发出的噪声和室外传入室内的噪声两部分，当这些声音超过国家规定的排放标准，并干扰了室内人员正常的生活、工作和学习时就构成污染。

污染源主要是工业、建筑、交通等的噪声。

控制噪声：首先从我做起，减少施工噪声，另外施工洞脚手眼、螺栓孔都填塞密实，不留孔缝、断缝，内外抹灰不空鼓、不裂缝，外窗最好是双层玻璃，边框用胶条密封。

第二节　古老的镶贴技艺
与现代的装饰设计

一、镶贴技艺是世界上最古老技术

装饰艺术是世界上最古老的艺术，涂抹和镶贴是装饰艺术最早的表现技艺，洞窟壁画是通过涂抹技术表现装饰艺术的最早实体，伴随着工具的发明和使用，以及原始人类对美的追求，装饰艺术在不断地发展，现在装饰艺术已成为世界上不可缺少的门类，从我们穿衣服的服饰开始，工业产品装饰、日常用品装饰、建筑装饰、室内装饰、环境装饰等等，装饰随处可见，特别是建筑装饰几乎每个人时时刻刻都离不开。

原始人用大泥涂抹洞窟和泥土房，现代人用现代化的材料涂抹镶贴高楼大厦，手工涂抹这种方式一直被延用着，不过使用的材料会不断地更新发展。从最早的泥土逐步有了白灰、石膏、水泥、陶瓷、镜面石材等，涂抹、镶贴的技艺也在不断地充实。白灰、石膏和水泥可以抹成细腻光洁的墙面，也可以在墙面上展示出粗犷的蘑菇石；通过剁斧展示出花岗石的坚硬质感，可以塑造出挺拔的直线，也可以塑造出娇柔的曲线。娴熟的技艺操作得心应手，所以制作出的作品明确显示着作品的技巧和情趣，我们欣赏巨幅壁画时，往往被镶贴过程留下精致的操作痕迹吸引而赞叹。

现代化高楼大厦中的装饰绝不是普通涂抹、镶贴技艺能实现的，而是通过上千种材料和相应的技艺展示各自的美感，以相互协调、相互融合美化建筑和建筑空间为目的而产生的建筑环境艺术的实体。所以现在的镶贴、涂抹不仅要有娴熟的技艺，而且要有丰富的文化知识，顺应建筑装饰市场，开发新品种满足人民生活日益增长的需求。

二、装饰设计的基本依据

1. 发挥装饰材料的特性

各种装饰材料本身都具有多种特性，如质地、肌理效应、光泽、弹性以及透明性等。在装饰设计中材料应用的正确与否，将直接影响到建筑物的使用功能、形式表现及装饰效果、耐久性等诸多方面，一般要重视材料的原状，尊重材料的质感。应用装饰材料要注意材料的阻隔与协调。

2. 装饰的文化性

这里所说的"文化性"是有广泛内容的，它包括传统文化、宗教信仰、民族习惯、艺术、禁忌等多方面内容。装饰设计要充分反映不同民族、不同地区与不同时代的文化特征。

3．装饰物的功能

装饰设计要重视建筑物的功能。不同的建筑要有不同的风格、气氛来装饰，否则达不到预期的装饰效果，就如色彩而言，政府机关应用稳重的颜色装饰体现威严、端庄、安静的氛围；娱乐场所则用浅色或白色装饰体现活泼、奔放、热情的格调。

三、装饰设计的原则

1．环境意识

无论哪种建筑装饰形式，在设计创造过程中首先要考虑到环境的比例和尺度问题。如室内外装饰的面积大小尺度与整体建筑环境面积尺度比，如装饰的壁画需要多远的观赏距离和装饰位置等，人与装饰品的尺度关系，各个面上装饰材料的肌理、质感及色彩都要在周围环境的制约下积极去适应，否则，将会破坏整个环境气氛。

2．整体意识

装饰设计必须以整体设计为原则，即从整体→局部→整体的原则，装饰设计必须从整个建筑的整体效果出发，把握好装饰的每个部分与主体的关系，不能喧宾夺主，装饰中的尺度、色彩、质感、细部等都要在整体中取得协调。

3．时代意识

从某种意义上说，人类历史的发展就是建筑历史的发展，各个时期的社会意识和科学技术发展的特征，都在建筑上留下了时代的烙印。装饰设计不仅是建筑的一部分，而且承担了精神文明的作用，它必须积极表现时代的特征。

4．功能意识

建筑既然是精神文明和物质文明的相结合产物，建筑装饰就要反映环境性、整体性和时代性，也必须要反映功能性，也就是说它要通过内容、形式表现出特定的建筑类型和性质，在选择材料、色彩、立意等方面都要考虑建筑的性质、内容等方面的因素。

第三节 房 屋 构 造

构造：在建筑布局中可独立自成体系的单件、单体或一部分，建筑物的组成要素。随着科学技术的进步，建筑构造已发展成为一门专门的技术学科。其任务是根据建筑计划、材料性能、受力情况、施工工艺和建筑艺术等要求选择合理的构造方案，设计实用、坚固、经济、美观的构配件，并将它连接成建筑整体。

一、建筑物的构造组合（见图 1-4）

1. 基础

基础是房屋底部与地基接触的承重结构，它的作用是把房屋上部的荷载传给地基。因此基础必须坚固、稳定而可靠。

2. 墙（或柱）

在墙承重的房屋中，墙既是承重结构，又是围护构件。在框

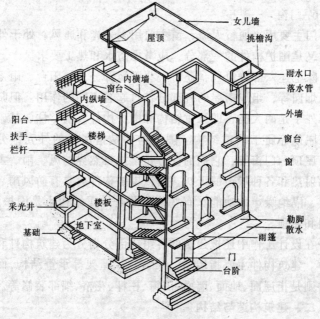

图 1-4　房屋构造图

13

架承重的房屋中，柱是承重结构，而墙仅为分隔房间的隔墙、遮蔽风雨和阳光辐射的围护构件。

3．楼板和地面层

楼板是水平方向的承重结构，并用来分隔楼层之间的空间。它支承着人和家具设备的荷载，并将这些荷载传递给墙或柱，它应有足够的强度和刚度。地面层是指房屋底层之地坪，地面层有均匀传力及防潮等要求，应具有坚固、耐磨、易清洁等性能。

4．楼梯

楼梯是房屋的垂直交通工具，楼梯应有足够的通行能力，并做到坚固和安全。

5．屋顶

屋顶主要是房屋的围护构件，抵抗风、雨、雪的侵袭和太阳辐射热的影响，屋顶又是房屋的承重结构。承受风雪荷载和施工期间的各种荷载。屋顶应坚固耐久，不漏水和保暖隔热。

6．门窗

门主要用来通行人流，窗主要用来采光和通风，处于外墙上门窗又是围护构件的一部分，应考虑防水和热工要求。

除上述六部分以外，还有一些附属部分，如阳台、雨篷、台阶、烟囱等，组成房屋的各部分各自起着不同的作用。但归纳起来不外乎是两大类，即承重结构和围护构件。墙、柱、基础、楼板、屋顶等属于承重结构。围护构件是指房屋的外壳部分，如墙、屋顶、门窗等，它们的任务是抵抗自然界的风、雨、雪、太阳辐射热和各种噪声的干扰，所以围护构件应具有防风雨、保暖隔热、隔绝噪声的功能。有些部分既是承重结构也是围护结构，如墙和屋顶。

在设计工作中还把建筑的各组成部分划分为建筑构件和建筑配件。建筑构件主要指墙、柱、梁、楼板、屋架等承重结构，而建筑配件则是指屋面、地面、墙面、门窗、栏杆、花格、细部装修等。

二、建筑构造与结构

凡是建筑物无论宿舍、公寓、办公楼或者体育馆、厂房等，

14

都是由屋盖、楼板、墙、柱、基础等结构构件组成。这些构件在房屋中互相支承，直接或间接地单独或协同地承受各种荷载作用，构成一个结构整体——建筑结构。

由于使用材料的不同和结构受力构造的不同分两个方面来讨论：

1. 按所使用材料的不同可分为钢结构、木结构、砖石结构和混凝土结构等。

(1) 钢结构：是主要的建筑结构之一，多用于高层和大跨度建筑工程，钢材强度高、构件截面小、重量轻、质地均匀，具有可焊性。

(2) 木结构：因木材具有就地取材，制作简单、自重轻、易施工等优点，故在山区、林区、农村还普遍应用。

(3) 混合结构：用砖墙、钢筋混凝土楼板、楼盖构成的建筑物。

(4) 混凝土结构：是目前应用最广的建筑结构。强度大、耐久性好、抗震性好，并具有可塑性。预应力混凝土结构是钢筋混凝土结构的一个重大革命和飞跃发展。

2. 按承受力和构造特点的不同划分，可分为承重结构、排架结构、框架结构或其他形式的结构。

(1) 承重墙结构：既墙体承受荷载的结构。传力途径是：屋盖的重量由屋架承担，屋架支承在承重墙上，楼板和梁也支承在承重墙上。因此，屋盖荷载（如屋盖自重、雪荷载等）以及楼层荷载（如楼板自重、楼面荷载等）均由承重墙承担，墙下有基础，基础下面有地基。全部荷载通过墙、基础传到地基上，称之为承重墙结构，如混合结构体系。

(2) 排架结构：排架结构的主要承重体系由屋架和柱组成，一般用于单层。

(3) 框架结构：主要承重体系是由横梁和柱组成，是刚性连接，从而构成一个整体"刚架"称之为框架。这种具有刚架受力特点的房屋结构叫框架结构，多用于高层民用房屋（见图1-5）。

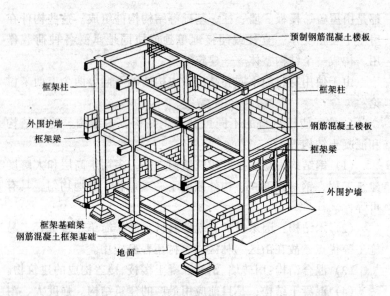

图 1-5　框架结构图

以上是一般建筑中常用常见的房屋结构，目前由于科技的发展，出现了很多新型结构，如"框剪结构"、"全剪结构"及"空间结构"、"筒体组合房屋"。

第四节　墙体饰面的功能与分类

一、墙体饰面的功能

1. 外墙饰面的功能

（1）保护墙体：外墙是建筑物遮风挡雨、保温隔热、防止噪声及安全防护为目标的重要构造件，此外混合结构的外墙还肩负着承担结构荷载的作用。

外墙的装饰层就是保护墙体免遭雨淋、日晒、冰雹以及腐蚀性气体和微生物的袭击。提高墙体的耐久性，弥补和改善了墙体材料在功能方面的不足。

（2）装饰立面：外墙的装饰立面称之为外立面，其装饰材料的选择往往代表了工程的使用性质，如涂料外饰面用于一般性住宅小区等。面砖多用于商场、写字楼、公寓等。石材或玻璃幕墙多用饭店、宾馆等工程。

外墙装饰面选材质感的表现往往产生惊人的艺术效果，如图1-6是西单中国银行总部大厦，外立面是干挂凝灰石，质地坚硬，组织细腻，使人感觉豪华而冷漠，代表了银行高贵的档次，安全、安静、舒适。

（3）改善了墙体的物理性能：经过饰面增厚了外墙，而且目前一些地区开创了复合性节能外墙，如"外墙外保温"。在外墙与装饰面之间增设保温层，从而提高了保温能力，外墙外保温表

图 1-6　干挂石材外墙饰面

1-2,外墙内保温表 1-3,玻璃幕墙、浅色石材幕墙都起到反射太阳辐射热的作用,从而节约了能源,改善了室内温度。

胶粉聚苯颗粒保温浆料体系外墙外保温做法基本构造 表 1-2

外墙	胶粉聚苯颗粒保温浆料体系外墙外保温做法基本构造					
	界面层	保温层	抗裂保护层	饰面基层	构造示意	
					一般做法	加强做法
混凝土、小型混凝土空心砌块、非黏土砖和烧结砖等	界面砂浆	胶粉聚苯颗粒保温浆料(高度≤30m时,按一般做法;高度>30m时,按加强做法)	聚合物改性水泥抗裂砂浆压入塑玻纤网格布;面层涂高分子乳液防水弹性底层涂料	柔性耐水腻子		
①	②	③	④	⑤		

胶粉聚苯颗粒保温浆料体系外墙内保温做法基本构造 表 1-3

外墙	胶粉聚苯颗粒保温浆料体系外墙内保温做法基本构造				
	界面层	保温层	抗裂保护层	饰面层	构造示意
混凝土、小型空心砌块、非黏土砖和烧结砖等	界面砂浆	胶粉聚苯颗粒保温浆料	水泥抗裂砂浆加耐碱涂塑玻纤网格布	抗裂柔性腻子	
①	②	③	④	⑤	

2. 内墙饰面的功能

（1）保护墙体：潮湿环境或有化学浸蚀的环境墙面往往镶贴瓷砖，保护墙体不直接被外界环境浸蚀。

（2）满足室内的使用条件：通过室内墙体的饰面增强外墙的内保温，通过不同的饰面材质，可以起到反射、吸收、隔声等作用，改善音质、减少噪音，改善了环境。

（3）装饰室内环境：不同的材质、色彩能给人物理、生理、心理的不同感受，能调节气氛，改善视觉环境，特别是在室内质感和色彩最直观与人发生接触，人的停留时间远远大于室外的时间，对人的心理情绪的影响最大。增加装饰面层之后也改善了人们生产、工作环境，激发人们生活和工作的热情。

二、墙体饰面的分类

（1）按部位分为：室内墙面、室外墙面。

（2）按材料分为：天然石材饰面、人造石材饰面、瓷砖饰面、玻璃饰面、抹灰饰面、涂料饰面、金属板饰面、墙纸、墙布饰面等。

（3）按工艺分为：镶贴工艺、裱糊工艺、涂抹工艺、安装工艺。

（4）按基层材质分：砖墙、空心砖墙、混凝土墙、加气混凝土墙、石膏墙。

第二章 建筑识图

第一节 制图基础知识

在施工现场，施工图翻样、技术交底都要制图，因此施工人员掌握一定的制图技术是必须的。

一、制图工具

1. 图板

图板是铺放图纸的工具，图板必须平整，四角方正，图板用木料制成，因此应避免日晒和受潮。上面也不能放重物，以防变形。

2. 丁字尺

丁字尺用来画水平线（图2-1），使用完后要悬挂，特别要保护好供画线用的上侧。

3. 三角板

三角板有45°和60°两种，三角板和丁字尺配合使用可画垂直线（图2-2）和150°、30°、45°、60°、75°的斜线（图2-3）。

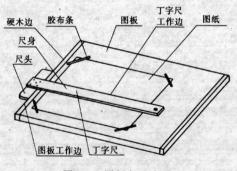

图 2-1 图板与丁字尺

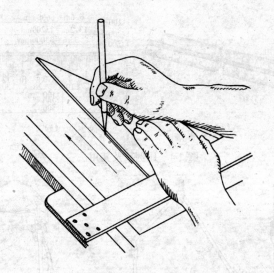

图 2-2　画垂直线

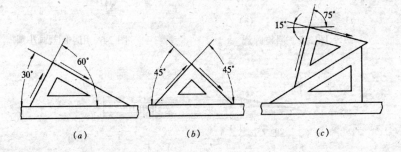

（a）　　　　　　（b）　　　　　　（c）

图 2-3　画 15°、30°、45°、60°、75°斜线

4. 比例尺

比例尺是刻有不同比例的三棱直尺。它是用来缩小和放大图样的度量工具（图 2-4）。

5. 圆规

圆规是用来画圆及圆弧的仪器。根据画圆直径的大小分为大圆规、小圆规和点圆规等几种（图 2-5、图 2-6）。

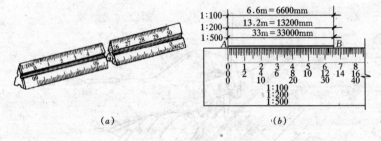

(a)　　　　　　　(b)

图 2-4　比例尺及其用法

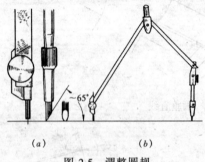

(a)　　　　　　(b)

图 2-5　调整圆规

图 2-6　用小圆规画小圆

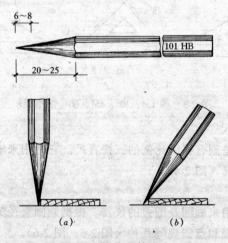

(a)　　　　　　(b)

图 2-7　铅笔及其用法

(a) 适当；(b) 不适当

6. 绘图笔

（1）铅笔：绘图铅笔的型号以铅芯的软硬程度来划分，分别用笔端的字母"B"和"H"表示，"B"表示软的，画出的线条浓黑；"H"表示硬的，画出的线条浅淡。"B"或"H"前面的数字越大表示铅芯越软或越硬。"HB"型铅笔软硬适中，适于一般纸上书写。制图用铅笔型号为2B～5H。制图时采用什么型号和所画线条的粗细、纸张种类及气候条件有关，线条越细、气温越高则铅芯越硬。铅笔一般用在画图时打底稿（图2-7）。

（2）鸭嘴笔（图2-8）和绘图墨水是画墨线用的，笔头上的螺钉用以调节画线的粗细。使用时用另一只写字用的笔尖蘸上墨水送进笔头两叶片之间，一定不能让墨水沾在叶片的外侧，否则会使墨水跑到丁字尺下，造成"拖墨"（图2-9）。

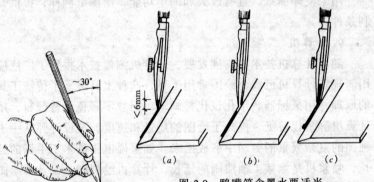

图 2-8　持鸭嘴笔姿势

图 2-9　鸭嘴笔含墨水要适当
（a）适当；（b）墨水过少；（c）墨水过多

（3）绘图墨水笔：这种绘图笔笔尖是一支细针管（图2-10），里面还有一钢丝用来引出墨水。针管的直径决定线条的粗细，它可像一般钢笔那样吸墨水，因此使用方便，但使用时要保持笔尖清洁，用完后洗净盖上笔帽存放盒内。否则会堵塞。长期不用应

图 2-10　绘图墨水笔

将墨水排空。

（4）最近几年出现的塑料笔尖的记号笔、白板笔和签字笔都可用来画图。具有画线粗细均匀，使用方便的优点，而且不会产生"拖墨"，塑料笔尖可根据需要削成一定宽度。

7. 绘图纸

（1）硫酸纸：这种纸半透明似毛玻璃，在其上画墨线线条挺拔没有毛边。可画很细的线，但此纸遇水则起皱，因此千万不能受潮和洒水。这种纸脆、易破只能作底图。成为正式图纸需晒图或复印机复印。

（2）道林纸：画图时墨线比硫酸纸干的快，但线条易出毛边，显得粗糙。

8. 复印机

用来复印图纸，且有放大和缩小功能，给图纸翻样，提供有利条件。

9. 计算机

随着计算机技术的高度发展，计算机图像技术得到了广泛应用。现在计算机已成为绘图常用工具，这种工具继承了传统工具的原理，用鼠标器数字化仪代替画笔，用数字彩色代替颜料，用计算机屏幕代替纸。提高了绘图的质量和速度，把设计师从手工画图的复杂繁重的劳动中解放出来。如果说电锯是木工手锯的延长，喷浆机是涂裱工油漆刷的延长，计算机绘图则是设计师绘图笔的延长。特别是在绘制效果图时，计算机绘图优势更显著，用计算机制作效果图已成为当前建筑 CAD 领域最热门的应用之一。

计算机绘图需硬件和软件两部分。硬件包括处理图像的计算机及外部设备，外部设备又包括输入设备（扫描仪、摄像机、数码相机等）、输出设备（打印机、绘图仪等）；软件包括用于绘制不同种类图像的各种软件。

二、怎样制图

1. 制图前的准备工作

（1）选择制图房间

制图是一项精细的工作，特别是打底稿时使用硬铅笔画细线，必须有一定亮度才能看清楚。因此制图房间必须有足够的亮度，但又不能让阳光直射到图纸上产生眩光。南向的房间必须设有窗帘。光线应从制图者左方射入，室内除有顶灯外，绘图桌上应有台灯。绘图桌右侧最好放一略低于桌面且有抽屉的小柜，用来放绘图工具。

（2）准备制图工具

除图板、丁字尺、三角板、比例尺、圆规和绘图笔外，还要准备一块抹布，用来浸水擦试制图工具，时刻保持清洁；准备一块桌布，用来盖图板。

（3）选择绘图纸

硫酸纸应选择易着墨的，质量次的硫酸纸表面光滑，墨线描上去后会收缩，形成断线和毛边。绘图时绘图者如果手上有油粘到硫酸纸上也会有这种结果，因此绘图前必须用肥皂洗手。选道林纸要选吸水率小的否则墨线描上去也会形成毛边。

2．画草图

（1）根据所画内容选取合适的图幅。图框线、标题栏、会签栏要符合国家规范。

（2）根据所画内容选取合适的比例。

（3）根据所画内容确定画几幅图，在图面上怎样布局，然后再按比例用比例尺量一下每幅图的水平尺寸和垂直尺寸看能否放得下，注意一定留出标注尺寸和画引出符号的位置。

（4）用丁字尺画出水平基线，再用三角板画出垂直基线。如果绘制平面图，一般先绘好左边及下边的轴线作为基线。

（5）根据水平和垂直基线画出轴线网，根据网画具体内容。

（6）在几幅图中一般先画出平面图，由平面图向上作垂线画出立面图，再由立面图作水平线画出侧面图或剖面图。再画详图。

（7）草图完成后先自审再请有关人员和上级审核。

3．画墨线图

审核完毕后，开始画墨线，一定要注意粗、中、细线型分明，图面整洁。如果发生"拖墨"或描错，可在图纸下面垫块三角板，用刮脸刀片反复刮，刮完后用橡皮擦，再重新画墨线。

4. 计算机制图

在会使用计算机软件的基础上，可直接用计算机画图。计算机制图的具体步骤和方法与手工基本相同，只是用命令替代了手绘工具，只有熟练使用各种制图命令就能完成手工绘图的一切操作。

第二节 装 饰 施 工 图

装饰施工图是设计人员按照投影原理，用线条、数字、文字、符号及图例在图纸上画出的图样。通过装饰造型、构造，表达设计构思和艺术观点。

一、装饰施工图的特点

虽然装饰施工图与建筑施工图在绘图原理和图例、符号上有很多一致，但由于专业分工不同，还有一些差异。主要有以下几方面：

（1）装饰工程涉及面广，它与建筑、结构、水、暖、电、家具、室内陈设、绿化都有关；也和钢、铁、铝、铜、塑料、木材、石材等各种建筑材料等有关。因此，装饰施工图中常出现建筑制图、家具制图、园林制图和机械制图并存的现象。

（2）装饰施工图内容多，图纸上文字辅助说明较多。

（3）建筑施工图的图例已满足不了装饰施工图的需要，图纸中有一些目前流行的行业图例。

二、装饰工程图的归纳与编排

装饰工程图由效果图、装饰施工图和室内设备施工图组成。从某种意义上讲，效果图也应该是施工图。在施工中，它是形象、材质、色彩、光影与氛围处理的重要依据。

装饰施工图也分基本图和详图两部分。基本图包括装饰平面图、装饰立面图、装饰剖面图；详图包括装饰构配件详图和装饰节点详图。

装饰施工图简称"饰施",室内设备施工图按工种分为"水施"、"暖施"、"电施"等。

三、装饰平面图

装饰平面图是装饰施工图的首要图纸,其他图样均以平面图为依据而设计绘制的。装饰平面图包括楼、地面装饰平面图和顶棚装饰平面图。

1.装饰平面图图示方法

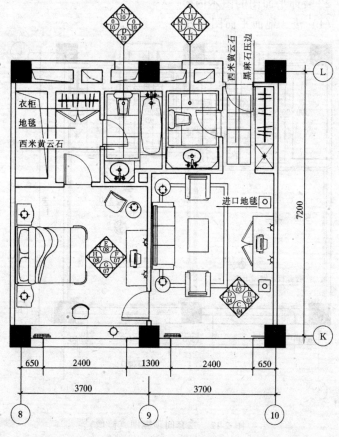

图 2-11 二套间平面图

（1）楼、地面装饰平面图图示方法

楼、地面装饰平面图与建筑平面图的投影原理基本相同，但前者主要表现地面装饰材料、家具和设备等布局，以及相应的尺寸和施工说明，如图2-11。为使图纸简明，一般都采用简化建筑结构，突出装饰布局的画图方法，对结构用粗实线或涂黑表示。

（2）顶棚平面图图示方法

采用镜像投影法绘制。该投影轴纵横定位轴线的排列与水平投影图完全相同，只是所画的图形是顶棚，如图2-12。

2．装饰平面图的图示内容

（1）楼、地面平面图内容

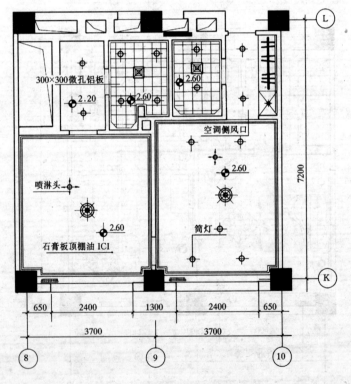

图 2-12 二套间顶棚图（镜像）

注：图中◆为装饰装修工程中相对标高符号，以地面装修完成面为±0.00。

28

如图 2-11 所示为二套间平面图，图中主要内容有：

1）通过定位轴线及编号，表明装饰空间在建筑空间内的平面位置及其与建筑结构的相互关系尺寸。

2）表明装饰空间的结构形式、平面形状和尺寸。

3）表明门窗的位置、平面尺寸、门的开启方式，墙、柱的断面形式及尺寸。

4）表明室内家具、设施（电器设备、卫生设备等）、织物、摆设（如雕像等）、绿化、地面铺设等平面布置的具体位置，并说明其数量、规格和要求。

5）表明楼、地面饰面材料和工艺要求。

6）通过内视符号表明与此平面图相关的各立面视图投影关系和视图的编号。

7）表明各房间的位置和功能。

（2）顶棚平面图内容

如图 2-12 所示为二套间顶棚图，图中主要内容有：

1）表明顶棚装饰造型平面形状和尺寸。

2）说明顶棚装饰所用的材料及规格。

3）表明灯具的种类、规格及布置形式和安装位置，顶棚的净空高度。

4）表明空调送风口的位置、消防自动报警系统及与吊顶有关的音响设施的平面布置形式及安装位置。

5）对需要另画剖面详图的顶棚平面图，应注明剖切符号或索引符号。

3．装饰平面图的识读步骤和要点

（1）先看标题栏，认定为何种平面图，进而了解整个装饰空间的各房间功能、面积、门窗位置尺寸。

（2）看家具与设施的种类、数量、大小及位置尺寸。

（3）看文字说明，明确各装饰面的结构材料及饰面材料的种类、品牌和色彩要求；了解装饰面材料间的衔接关系。

（4）看内视符号，明确投影图的编号和投影方向。以便查阅各投影方向的立面图。

（5）看索引符号，明确剖切位置及剖切后的投影方向，以便查阅装饰详图。

四、装饰立面图

装饰立面图是建筑物外墙面及内墙面的正立投影图，用以表现建筑内、外墙各种装饰图样的相互位置和尺寸。

1．装饰立面图的图示方法

（1）外墙表现方法同建筑立面图。

（2）单纯在室内空间见到的内墙面的图示：以粗实线画出这一空间的周边断面轮廓线（楼板、地面、相邻墙交线），表面墙面装饰、门窗、家具、陈设及有关施工的内容，如图 2-13 为图 2-11 $\dfrac{F}{07}$ 方向立面图，图 2-14 为 $\dfrac{H}{08}$ 方向立面图；上述所示立面图只表现一面墙的图样，有些工程常需要同时看到所围绕的各个墙面的整体图样。根据展开图原理，在室内某一墙角处竖向剖开，对室内空间所环绕的墙面依次展开在一个立面上，所画出的图样，称为室内立面展开图（图 2-15）。

2．装饰立面图内容

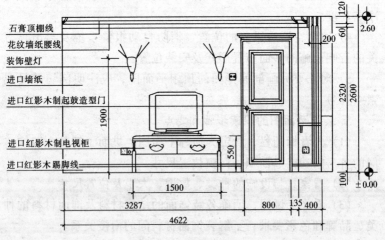

图 2-13　装饰立面图之一

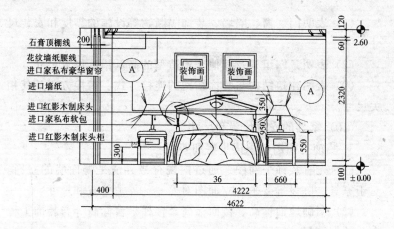

石膏顶棚线
花纹墙纸腰线
进口家私布豪华窗帘
进口墙纸
进口红影木制床头
进口家私布软包
进口红影木制床头柜

图 2-14　装饰立面图之二

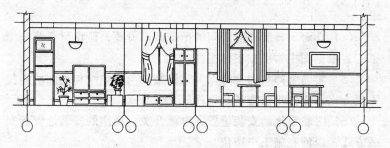

图 2-15　某餐厅室内立面展开图

（1）图名、比例和立面图两端的定位轴线及其编号。

（2）使用相对标高，以室内装修完成地坪为标高零点，进而标明装饰立面有关部位的标高。但应在说明中标明相当于首层地面标高。

（3）表明装饰吊顶顶棚的高度尺寸及其叠级造型的构造关系和尺寸。

（4）表明墙面装饰造型的构造方式，并用文字说明所需装饰材料。

（5）表明墙面所用设备及其位置尺寸和规格尺寸。

（6）表明墙面与吊顶的衔接收口方式。

（7）表明门、窗、隔墙、装饰隔断物等设施的高度和安装尺寸。

（8）表明景园组景及其他艺术造型的高低错落位置尺寸。

（9）表明建筑结构与装饰结构的连接方式、衔接方法及其相关尺寸。

（10）家具的安放位置和尺寸。

3．装饰立面图的识读步骤和要点

（1）先看装饰平面图，通过内视符号弄清是哪面墙的立面。对于家具、陈设等要平、立面图对照看，弄清位置和尺寸。

（2）明确地面标高、楼面标高、楼梯平台标高等与装饰工程有关的标高尺寸。

（3）了解有几个不同装饰面，每个装饰面所用材料及施工要求。

（4）立面上各装饰面之间的衔接收口方式，所用材料及施工工艺。根据图中索引找出详图。

（5）明确装饰结构之间以及装饰结构与建筑结构之间的连接固定方式，以便提前准备预埋件。

（6）明确设施的安装位置，电源开关、插座的安装位置和安装方式，以便在施工中留位。

五、装饰剖面图

建筑装饰剖面图是用假想平面将室外某装饰部位或室内某装饰空间垂直剖开而得的正投影图。其表现方法与建筑剖面图一致。它主要表明上述部位或空间的内部构造情况，或者说装饰结构与建筑结构、结构材料与饰面材料之间的关系。

如果剖开一房间东西墙面，看北墙（图 2-16），则装饰剖面图和室内装饰立面图有很多一致处，其内容与识别步骤和要点相同。但也有如下区别：

（1）装饰剖面图剖切位置用剖切符号表示，室内装饰立面图用内视符号注明视点位置、方向及立面编号，因此剖面图的名称为"×—×剖面图"而装饰立面图的名称为×立面图。

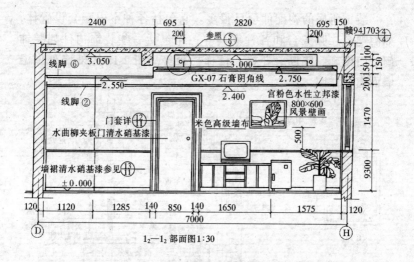

图 2-16　室内装饰剖面图

（2）装饰剖面图必须将剖切到的建筑结构画清楚，如图 2-16必须将剖到的东西墙和楼板表示清楚；而室内装饰立面图则可只画室内墙面、地面、顶棚的内轮廓线。

（3）装饰剖面图上的标高必须是以首层地面为 ± 0.000；而室内装饰立面图则可以本图中房间地面为 ± 0.000。

六、装饰详图

在装饰平面图、装饰立面图、装饰剖面图中，由于受比例的限制，其细部无法表达清楚，因此需要详图做精确表达。

1．装饰详图的图示方法

装饰详图是将装饰构造、构配件的重要部位，以垂直或水平方向剖开，或把局部立面放大画出的图样。

2．装饰详图的分类

（1）装饰节点详图

有的来自平、立、剖面图的索引。也有单独将装饰构造复杂部位画图介绍。

（2）装饰构配件详图

装饰所属的构配件项目很多。它包括各种室内配套设置体，如酒吧台、服务台和各种家具等；还包括一些装饰构件如装饰门、门窗套、隔断、花格、楼梯栏板等。图 2-17 为外墙外保温墙面窗套详图。

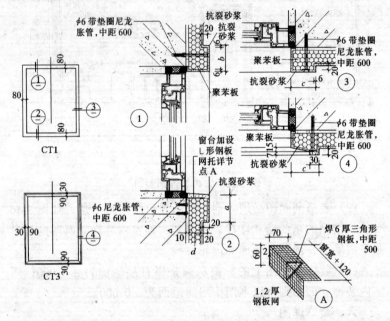

图 2-17　装饰窗套

注：1. 工程设计中可根据窗宽高尺寸等因素调整各窗套尺寸。

2. 窗套面层涂料材质及颜色由设计人定也可用高粘结性能胶泥贴面砖。

3. 本图以外墙外保温为例，其聚苯板保温层厚度按工程设计。

3. 装饰详图内容

(1) 表明装饰面或装饰造型的结构形式、饰面材料与支撑构件的相互关系。

(2) 表明重要部位的装饰构件、配件的详细尺寸、工艺做法和施工要求。

(3) 表明装饰结构与建筑主体结构之间的连接方式及衔接尺

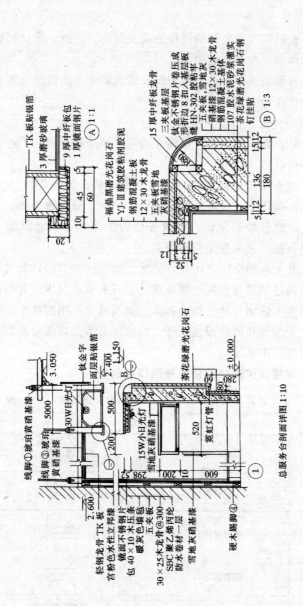

图 2-18 总服务台剖面详图

寸。

(4) 表明装饰面之间的拼接方式及封边、盖缝、收口和嵌条等处理的详细尺寸和做法要求。

(5) 表明装饰面上的设施安装方式或固定方法以及设施与装饰面的收口收边方式。

4. 装饰详图识读步骤和要点

(1) 结合装饰平面图、装饰立面图、装饰剖面图，了解详图来自何部位。

(2) 对于复杂的详图，可将其分成几块，如图 2-18 为一总服务台的剖面详图。可将其分成墙面、吊顶、服务台 3 块。

(3) 找出各块的主体，如服务台的主体是一钢筋混凝土基体，花岗石板、三夹板是它的饰面。

(4) 看主体和饰面之间如何连接，如通过 B 节点详图可知花岗石板是通过砂浆与混凝土基体连接；五夹板通过木龙骨与基体连接；钛金不锈钢片通过折边扣入三夹板缝，并用胶粘牢。

(5) 看饰面和饰物面层处理，如通过 B 节点详图可知五夹板表面涂雪地灰硝基漆。

七、常用建筑装饰装修设备端口图例

常用建筑装饰装修通风口及喷淋设施图例 表 2-1

序号	名　称	图　例
1	圆型散流器	⊕
2	方型散流器	▣
3	剖面送风口	
4	剖面回风口	
5	条形送风口	▤

序号	名　　称	图　　例
6	条形回风口	
7	排气扇	
8	烟感	S
9	喷淋	

常用建筑装饰装修电器灯具图例　　　　表 2-2

序号	名　　称	图　　例
1	筒灯	
2	射灯	
3	轨道射灯	
4	壁灯	
5	防水灯	
6	吸顶灯	
7	花式吊灯	
8	单管格珊灯	
9	双管格珊灯	
10	三管格珊灯	

序 号	名 称	图 例
11	暗藏日光灯管	----
12	扬声器	
13	开关	
14	普通五孔插座	
15	地面插座	
16	防水插座	
17	空调插座	NC
18	电话插座	TP
19	电视插座	TV
20	电风扇	
21	吊式风扇	
22	镜灯	
23	电视	
24	电话	
25	洗衣机	
26	门铃 门铃按钮	

序 号	名　　称	图　　例
27	避雷针	
28	电源引线	
29	配电盘	
30	地板出线口	
31	刀开关	
32	电线	
33	接地 重复接地	

八、装饰施工图翻样

1.装饰施工图翻样的内容

（1）按专业工种分类翻样

装饰施工图一般是按装饰部位或构件进行绘制的，但施工却是按木工、涂裱工、金属工、镶贴工等各工种分工进行的。为方便施工和简化各工种所需要的图纸内容，必须将综合性施工图，分解为单个工种的施工图。

（2）按加工订货需要进行翻样

施工图中非标准的构、配件和非商品零件，需要委托加工厂制作的，都要根据施工图的要求，按不同材料、规格和品种分类统计，按加工要求，绘制详细加工翻样图纸，如混凝土花格翻样图等。

（3）修改设计的翻样

因施工现场所到材料、构件的变更，或施工方法有较大改变，需修改原施工图，绘出翻样图。

（4）完善施工图的翻样

有些设计比较粗略，构配件或节点做法不具体，需要完善和细化，绘出细部做法翻样图。

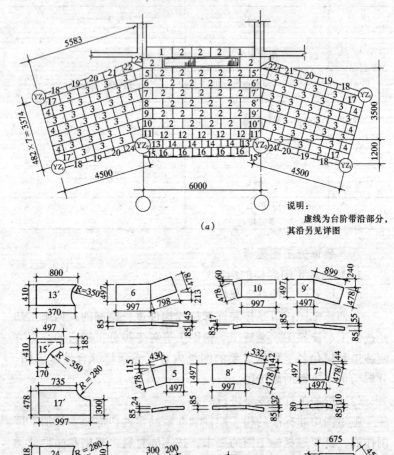

说明：
虚线为台阶带沿部分，其沿另见详图

（a）

（b）

图 2-19　地面饰面石板翻样图
（a）地面饰面石板分块布置图；（b）异形石料大样图

2．装饰施工图翻样的准备工作

（1）了解本单位操作人员对图纸的接受能力。

（2）熟悉全部施工图纸。

（3）熟悉施工方案。

（4）了解各装饰材料的供应情况。

（5）了解哪些构配件要工厂加工。

3．装饰施工图翻样的方法与要求

翻样图的绘制应先将施工图中欲修改、增加部分画出小样，再将硫酸纸蒙在原施工图上，描下不变的部分。再增加新的内容；也可将原施工图复印，再将需修改部分用修正液（涂改液）涂掉，增加上新内容。再复印一次。如感到原施工图不够大时，复印时可放大，这样就可增加更多内容。除用修正液外，也可将修改部分在纸上写好粘贴上去。这种方法适合修改面积比较大的图纸。

应注意翻样图的线型和图示标识形式应和原施工图一致；凡更改原设计或增添新内容必须将相关图纸都更改。

4．装饰施工图翻样举例

饰面石板地面在原设计图上只是写明材料和颜色，其排布必须作出翻样图。图 2-19（a）为某医院急诊室入口处花岗石车道地面分块布置图。经过划分，得出各饰面块材的规格尺寸，并将各块进行编号。图 2-19（b）为该地面各种异形石材的大样图，为加工切割提供了准确尺寸。

第三节　装饰施工图审核

审核施工图可把图纸中的错误在施工前发现，因此对提高工程质量，加快施工进度，提高经济效益的作用是巨大的。审核施工图对于从事装饰施工的单位来说有两方面含义，一是图纸设计者的自审、互审和送到高一级技术人员（如技师将图纸送交高级技师）审核；二是施工单位对设计单位图纸的审核。

审核图纸的内容有两方面，一方面是对绘图方面的审核，另一方面则是对专业技术的审核。

一、对绘图的审核

（1）标题栏是否有设计者和上级领导的签字。牵涉到几个专业配合的项目会签栏是否有人签字。这是一项非常重要的内容，图纸无人签字和一般文件无人签字一样，是无效图纸，不能成为具有法律效力的技术文件。

（2）图纸幅面规格、图线、字体、比例、符号、图例、尺寸标注、投影法是否符合最新国家标准。中华人民共和国建设部2001年11月1日在建标［2001］220号"关于发布《房屋建筑制图统一标准》等六项国家标准的通知"中规定自2002年3月1日起实行新标准，相对应的六项老标准同时废止。

（3）形体在平面图和立面图中反映的长度尺寸，在平面图和侧面图中反映的宽度尺寸，在立面图和侧面图中反映的高度尺寸是否一致。

（4）一个形体的外形和内部构造是否表达清楚。

（5）一个视图有的物件（如一个留槽）是否在其他能涉及的视图和详图中漏画。

（6）图中说明是否漏项。该说的没说。

（7）图纸是否把该装饰的表面都给予表达，有否漏项。

（8）图纸中尺寸计算是否有误。

（9）施工图中所列各种通用图集是否有效。

二、对专业技术的审核

（1）看图中所用材料是否符合国家标准。如目前一些图纸和书籍中室内装修仍采用沥青类防腐、防潮处理剂；采用聚乙烯醇缩甲醛内墙涂料；采用脲醛树脂泡沫塑料作为保温、隔热和吸声材料。明显违反国家标准《民用建筑工程室内环境污染控制规范》（GB 50325—2001）。目前一些装修中大量采用大芯板等木制品。它将超过 GB 50325—2001 规范和国家防火规范的限量，也破坏了森林资源，不利于保护生态环境。

（2）看图纸中采用材料是否是落后产品，有没有新产品可以代替。如有些图纸中仍使用冷镀锌钢管作给水管，这也是建设部明令淘汰的产品，可以用 PP-R 管、铝塑管、铜管代替。

（3）看设计图纸能否施工和方便施工。设计和施工的着眼点不同，设计人员不一定有施工经验。因此有时图纸脱离实际，如有的用 2cm 厚松木板做柜门，造成变形开裂。甚至有的设计无法施工或施工很困难，而把设计稍加改动施工就很方便，这在施工现场经常看到，因此审好图是施工单位应尽的义务。

（4）看各工种之间是否有矛盾，如有的墙内已有水管，而这个地方电工还要走电线。木工又要在这里打眼。

审图时要把发现的问题逐条记下来。如果是施工单位自己画的图，把审核结果整理成文，一式二份向设计人交一份，自留一份，对于难解决的问题应该由技术负责人召集有关人员，研究解决。审核结束，审核人必须在图纸标题栏签名。如果审核设计单位的图纸，则应把审核出来的问题整理成文，向上级领导汇报，必要时由技术负责人主持，施工技术人员，管理人员及主要工种技术骨干参加。由责任审图人把读图中发现的问题和提出的建议逐条解释，与会人员提出看法。会后整理成文，一式几份，分别自留及交设计单位、建设单位及有关人员，供会审时使用。

三、图纸的会审

施工图会审的目的是为了使施工单位、监理单位、建设单位进一步了解设计意图和设计要点。通过会审可以澄清疑点，消除设计缺陷，统一思想，使设计经济合理、安全可靠、美观适用。

1. 图纸会审的内容

（1）是否无证设计或越级设计，图纸是否经设计单位正式签署并盖图章。

（2）设计图纸是否齐全和符合目录。

（3）各专业图纸与装饰施工图有无矛盾。

（4）各项设计是否都能实施施工，是否有容易导致质量、安全、费用增加等方面的问题。

（5）图纸中涉及的材料是否是国家规范、国家和地方政府文件规定不能使用的材料，材料来源有无保证。能否代换。

（6）图纸中的缺项和错误。

2.图纸会审的方法和步骤

图纸会审由建设单位或监理单位主持，请设计单位和施工单位参加。步骤如下：

（1）首先由设计人员进行技术交底，将设计意图、工艺流程、建筑装饰、结构形式、标准图的采用，对材料的要求，对施工过程的建议等，向与会者交待。

（2）由监理单位、施工单位按会审内容提出问题，由设计单位或建设单位解答；对难解决的问题，展开讨论，研究处理方法。

（3）签署图纸会审纪要。将提出的问题、讨论的结果，最后的结论整理成会议纪要，由与会各方的代表会签形成文件。图纸会审文件和要求设计单位补充的图纸、修改的图纸，是施工图重要部分。

第四节 透 视 图

轴测图虽然有立体感，但没有近大远小、近高远低的变化，与人眼睛所见不同，因此要想表达建筑物建成后的视觉效果不是很好，这时就需要透视图。

透视图是一种将三维方向上的形体（即三视图图形）转化成具有空间、立体效果的绘图方式。它能将设计师的预想设计较真实的再现出来。透视图常被用来做效果图的底线。

一、透视图的形成

假设人的视线呈放射性地穿过一个透明画面投向物体，物体的图像相应地被显示在画面上，我们将这画面上所形成的图像称为透视图（图 2-20）。

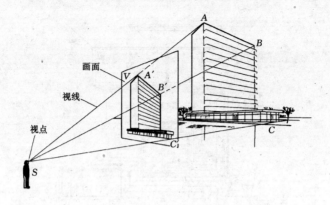

图 2-20　透视图的投影过程

二、透视图的种类

人与形体、画面等的位置是多种多样的，因而形成的透视图也是多种多样的。通常有以下三种：

1. 一点透视（也叫平行透视）

以一长方体为例，使长方体的两组轴（即两个面）与画面平行，另一轴（另外四个面）与画面垂直时，与画面垂直的直线（轴）向中心灭点消失，而与画面平行的直线仍与画面平行，这种透视称为一点透视，见图 2-21。用此法画室内透视图，一般以一墙面与画面平行，其他墙面、地面、顶棚与画面垂直，这时所有垂直于画面的直线均消失于视心（中心灭点）。该透视中有一面正对观众，体现实际尺寸，作为绘图依据。这种透视具有强烈的进深感，有平稳、端庄、整齐、静穆的感觉（图 2-22）。

2. 二点透视（也叫成角透视）

长方体只有一组轴（一般为纵

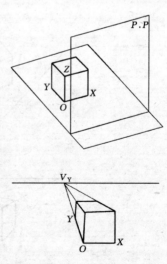

图 2-21　一点透视

45

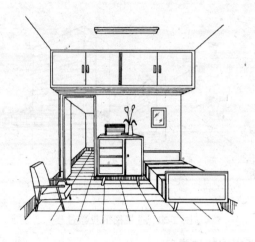

图 2-22 室内一点透视图

轴）平行于画面，其他两轴与画面倾斜，与画面倾斜互相平行的直线消失于各自一点，与画面平行的直线无消失现象，这时为二点透视，见图 2-23。室内成角透视是由于室内四面墙都与画面倾斜而分别消失于左右灭点 V_y、V_x 而产生的。这种透视显得紧

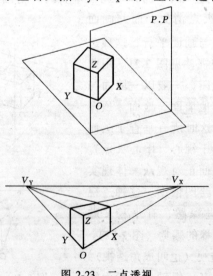

图 2-23 二点透视

图 2-24　室内成角透视图

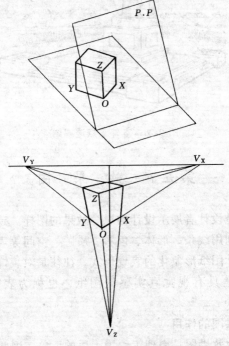

图 2-25　三点透视

凑、集中，具有轻快、活跃、随意的视角效果，有时就是房间一角的特写（图 2-24）。

3．三点透视

当画面与地面倾斜（或前倾或后倾），同时长方体的三组轴都与画面倾斜，这时与画面倾斜的直线消失于三个灭点，见图 2-25。三点透视宜表现高层建筑的仰视图及深谷的俯视图（图 2-26）。

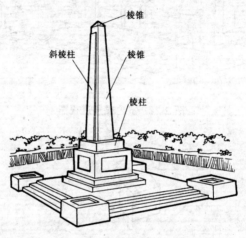

图 2-26　室外三点透视图

第五节　效　果　图

效果图是设计者展示设计构思、效果的图样。建筑装饰效果图是设计者利用线条、形体、色彩、质感、空间等表现手法将设计意图以设计图纸形象化的表现形式，往往是对装饰工程竣工后的预想。它是具有视觉真实感的图纸，也称为表现图或建筑画。

一、效果图的作用

（1）因为效果图是表现工程竣工后的形象，因此最为建设单位和审批者关注。是他们采用和审批工程方案的重要参考资料；

（2）效果图对工程招投标的成败有重要的作用；

（3）效果图是表达作者创作意图，引起参观者共鸣的工具，是技术和艺术的统一，物质和精神的统一。对购买装饰装修材料和采用施工工艺有很大的导向性，因此在这种意义上来说，效果图也是施工图。

二、效果图的图式语言

效果图综合了许多表现形式和表现要素。要读懂读好效果图，就得从效果图各要素入手，结合施工实践去观察体会。

效果图中图式语言有：形象、材质、色彩、光影、氛围等几种要素。形象是画面的前提；材质、色彩无时不在影响人们的情绪；光影突出了建筑的形体、质感。这些因素综合起来，产生了一个设计空间的氛围，有的高雅，有的古朴。各种图式语言之间是相互关联的一个整体。

三、效果图的分类

1. 水粉效果图

用水粉颜料绘画，画面色彩强烈醒目、颜色能厚能薄、覆盖力强，表现效果既可轻快又可厚重，效果图真实感强，绘制速度快，技法容易掌握。

2. 水彩效果图

用水彩颜料绘画，和水粉画的区别是颜色透明，因此水彩画具有轻快透明、湿润的特点。

3. 喷笔效果图

用喷笔作画，质感细腻，色彩变化柔和均匀，艺术效果精美。

4. 电脑效果图

作电脑效果图要有一台优质电脑和几个作图软件。电脑效果图以其成图快捷准确、气氛真实、画面整洁漂亮、易于修改等优点很快被人们接受。成为目前最常见的效果图（图2-27）。

图 2-27　电脑效果图

第三章 材 料

第一节 材料的基本性质

一、常用镶贴材料分类（见表 3-1）

常用镶贴材料分类 表 3-1

非金属材料	无机材料	天然石材（砂、石渣、大理石、花岗石、青石板等）
		烧土制品（砖、瓦、瓷砖、锦砖、烧结人造大理石等）
		胶结材（石灰、石膏、菱苦土、水玻璃、水泥砂浆、混凝土等）
		硅酸盐制品、碳化制品、硅酸盐类人造大理石、水磨石
		保温材料及玻璃、锦砖
	有机材料	聚酯型人造大理石
	复合材料	舒乐舍板、复合型人造大理石、聚合物水泥砂浆
金属材料	黑色金属	合金钢、铜条
	有色金属	不锈钢挂件

材料的基本性质总起来可分为物理性质、化学性质和力学性质。

二、材料的基本物理性质（见表 3-2）

包括密度（比重）、表观密度（容重）、孔（空）隙率等，是表示材料重量和构造状态的主要指标，也是基本物理性质。（密度、表观密度、孔（空）隙率是提供材料计划、计算材料消耗的基础知识）

1. 密度

密度是材料在绝对密实状态下，单位体积的质量，按下式计算。

$$\rho = \frac{m}{V}$$

式中　ρ——密度，g/cm^3；

$\quad\quad m$——材料的质量，g；

$\quad\quad V$——材料在绝对密实状态下的体积，cm^3。

绝对密实状态下的体积是指不包括空隙在内的体积。除了钢材、玻璃等少数材料外，绝大多数材料都有一些孔隙。在测定有孔隙材料密度时，应把材料磨成细粉，干燥后，用李氏瓶测定其体积，砖、石材等都用这种方法测定其密度。

如果是形状不规则的密实材料，可不必磨成细粉而用排水法求得近似作为绝对密实状态的体积，用这种方法测得的密度，称为近似密度。砂石等散粒材料常用此法测定它们的近似表现密度。

2. 表观密度

是材料在自然状态下，单位体积的质量按下式计算：

$$\rho_o = \frac{m}{V_o}$$

式中　ρ_o——表观密度（g/cm^3 或 kg/m^3）；

$\quad\quad m$——材料的质量（g 或 kg）；

$\quad\quad V_o$——材料在自然状态下的体积或称表现体积（cm^3 或 m^3）。

材料在自然状态下的体积是指包含内部孔隙的体积。当材料内部孔隙含有水分时，就影响材料的质量和体积，故测定材料表现密度时，须注明其含水情况。一般情况下，表现密度是指气干状态下的表现密度；而烘干状态的表现密度，称为干表现密度。

3. 堆积密度

堆积密度是指粉状或粒状材料在堆积状态下单位体积的质量。按下式计算：

$$\rho'_o = \frac{m}{V'_o}$$

式中 ρ'_0——堆积密度，kg/m^3；

m——材料的质量，kg；

V_0——材料的堆积体积，m^3。

测定散粒材料的堆积密度时，材料的质量是指填充在一定容器内的材料质量，其堆积体积是指所用容器的体积，因此，材料的堆积体积包含了颗粒之间的空隙。

常用建筑材料的密度、表观密度及堆积密度　　　　表 3-2

材　料	密度 ρ （g/cm^3）	表观密度 ρ_0 （kg/m^3）	堆积密度 ρ'_0 （kg/m^3）
石灰岩	2.60	1800～2600	
碎石（石灰岩）	2.60		1400～1700
普通黏土砖	2.50	1600～1800	
砂	2.60		1450～1650
普通硅酸盐水泥	3.20		1200～1300
普通混凝土		2100～2600	
轻骨料混凝土		800～1900	
木　材	1.55	400～900	
钢　材	7.85	7850	

4．材料的密实度和孔（空）隙率

（1）密实度：密实度是指材料体积内被固体物质充实的程度，按下式计算：

密实度 $D = \dfrac{V}{V_0} \times 100\%$ 或 $D = \dfrac{\rho_0}{\rho} \times 100\%$

（2）孔隙率：孔隙率是指材料体积内，孔隙体积所占的比例，用下式表示：

孔隙率 $P = \dfrac{V_0 - V}{V_0} = 1 - \dfrac{V}{V_0} = \left(1 - \dfrac{\rho_0}{\rho}\right) \times 100\%$

即孔隙率 = 1 - 密实度，或 $D + P = 1$

对于散粒材料，如砂、石子等也可用上式计算空隙率，空隙率是指材料颗粒之间的空隙百分率，计算时公式中的表观密度应代入材料的堆积密度，密度则可用近似密度。

孔隙率的大小反应材料内部构造，对材料的性能影响较大。

三、材料的力学性质

1. 材料的强度

材料在外力（荷载）作用下，抵抗破坏的能力称为强度。当材料承受外力作用时，其内部会产生一种大小相等方向相反的抵抗力，这种内部的抵抗力称为内力，材料每单位面积所产生的内力叫做应力。

强度大小用材料破坏时应力表示，此时的应力，称为强度极限，也称极限应力值。

材料在建筑上所承受的外力，主要有拉、压、弯、剪等，材料抵抗这些外力破坏的能力，分别为抗拉、抗压、抗弯、抗剪强度等。

材料的抗压、抗拉及抗剪强度的计算公式如下：

$$f = \frac{F_{max}}{A}$$

式中　f——材料极限强度 N/mm^2 或 MPa；

F_{max}——破坏时最大荷载 N；

A——受力截面面积 mm^2。

材料的抗弯强度与受力情况有关，一般试验方法是将条形试件放在两支点上，中间作用一集中荷载，对矩形截面试件，则其抗弯强度用下式计算。

$$f = \frac{3F_{max}L}{2bh^2}（单点集中加荷）$$

$$f = \frac{F_{max}L}{bh^2}（三分点加荷）$$

式中　f——抗弯极限度 N/mm^2 或 MPa；

F_{max}——弯曲破坏时最大荷载 N；

L——两支点间距 mm。

b，h——试件横截面的宽与高 mm。

不同种类的材料具有不同的抵抗外力的特点，如同种类的材料随着其孔隙率及构造特征的不同，使材料的强度也有较大的差异。一般孔隙率越大的材料强度越低，其强度与孔隙率具有近似直线的比例关系，如图 3-1。

常用材料的极限强度见表 3-3。

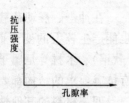

图 3-1　材料强度与孔隙率的关系

常用材料的极限强度 N/mm² 或 MPa

表 3-3

材　料	抗　压	抗　拉	抗　弯
花岗石	100~250	5~8	10~14
普通黏土砖	10~30	—	2.6~5.0
普通混凝土	10~100	1~8	3.0~10.0
松木（顺纹）	30~50	80~120	60~100
建筑钢材	240~1500	240~150	—

大部分建筑材料是根据其极限强度的大小将材料划分若干不同的等级（标号）。砖、石材、水泥、混凝土等材料主要是根据其抗压强度来划分标号。建筑钢材则按其抗拉强度划分等级。

2. 弹性与塑性

材料在外力作用下会产生变形，但当外力除去后仍能恢复原来的形状，这种性质称为弹性，反之当外力除去后不能恢复原来的形状，而保持变形后的形状的性质，称为塑性。

实际上，纯弹性材料是没有的，有的材料在受力不大的情况下，表现为弹性变形，但受力超过一定限度后即表现为塑性变形，建筑钢材就是这样。

3. 脆性和韧性

当外力达到一定限度后材料突然破坏，而破坏时并无明显的塑性变形，材料的这种性质称为脆性，脆性材料的抗压强度往往比抗拉强度高很多倍，砖、玻璃、混凝土、石材等都属脆性材料。

在冲击、震动荷载作用下，材料能够吸收较大的能量，同时也能产生较大的变形而不致破坏的性质，称为韧性，建筑钢材（软钢）、木材等是属于韧性材料，用作路面、桥梁、吊车梁以及有抗震要求的结构都要考虑到材料的韧性。

四、材料的其他性质

1. 吸水性与吸湿性

材料能吸水分的性质称为吸水性，吸水性大小由吸水率表示，吸水率常用质量吸水率表示由下式计算：

$$W_m = \frac{m_1 - m}{m} \times 100\%$$

式中　　W_m——材料的质量吸水率（%）；

　　　　m_1——材料干重（g）；

　　　　m——材料吸水至饱和时的重量（g）。

材料在潮湿空气中吸收空气中水分的性质为吸湿性，吸湿性以含水率表示。计算方法和吸水率基本相同，当材料的含水率与空气中湿度达到平衡时叫平衡含水率，门窗用的木材要控制平衡含水率。

2. 耐水性

材料长期在饱和水作用下而不破坏，其强度也不显著降低的性质称为耐水性，耐水性用软化系数 K 表示，即：

$$K = \frac{f_1}{f}$$

式中　　K——材料的软化系数；

　　　　f_1——材料含水在饱和状态下抗压强度 MPa；

　　　　f——材料在干燥状态下的抗压强度 MPa。

建筑材料的软化系数变动在 0～1 之间，软化系数的大小往往成为选择材料的主要依据，位于水中或受潮严重的重要结构的 K 值为 0.85～0.90，受潮较轻的次要结构的 K 值一般为 0.75～0.85，经常处于干燥环境中的结构可以不必考虑软化系数。

3. 抗渗与抗冻性

材料在压力作用下被水透过的性能，称为透水性。材料抵抗压力被水渗过的性能称为抗渗性。材料抗渗性有两种指标即抗渗系数的抗渗等级，通常用抗渗等级表示，符号用 P 代表，如 P_6 即表示每平方厘米能抵抗 6 公斤的水压力。

地下建筑物及水工构筑物、贮油罐、酒池等，要求抗渗性强，对此建筑材料则要求有更高的抗渗性。

材料在吸水饱和状态下能经受多次反复冻结与融化的性能，称为抗冻性。

水在冻结时由于体积膨胀对孔壁产生压力，随着反复冻结与融化次数的增多，材料表面将产生脱屑剥落和裂纹，强度也逐渐降低，如经过规定次数的反复冻融循环后，重量损失不大于 5%，强度降低不超过 25% 时，通常可以认为是抗冻材料。

对冬季设计温度低于零下 15℃ 地区的重要工程所用的复面材料，必须进行抗冻性试验，由于建筑物的等级、材料所处的环境及气候条件的不同，规定冻结融化的循环次数为 10、15、25、50、100 次冻结温度不应高于 – 15℃，因为水在微小的毛细孔中，只能在低于 – 15℃ 时才能冻结。

4. 导热性

导热性为热量由材料的一面传到另一面的性质，材料的导热性用导热系数表示，导热系数的符号为 "λ"。

导热系数是在规定的传热条件下，当温度差为 1℃ 时，在 1h 内通过厚度为 1m，面积为 $1m^2$ 材料的热量的千卡数，单位是 kcal/m·h·℃。

建筑材料导热系数在 0.025 ~ 3.00kcal/m·h·℃ 之间。习惯上把导热系数低于 0.200（或 0.150）kcal/m·h·℃ 的材料称为保温隔热材料。

材料受潮或受冻后，导热系数会大大提高，因为材料空隙中水分的导热性较空气为高，所以保温隔热材料要防止受潮，几种常用材料的导热系数见表3-4。

材料名称	λ（kcal/m·h·℃）	材料名称	λ（kcal/m·h·℃）
普通黏土砖	0.7	膨胀蛭石	0.07 ~ 0.09
黏土空心砖	0.4	水（4℃）	0.50
木丝板	0.04 ~ 0.1	冰	2.00
矿渣棉	0.04 ~ 0.07	空气	0.021

五、无机胶结材料

无机胶结材料又称为矿物胶结材料，无机胶结材料与水或适当的盐类水溶液混合后，在常温下经过一定的物理化学变化过程能由浆状或可塑状凝结硬化并产生强度，将松散材料胶结成为整体。

按照硬化条件，无机胶结材料可分为两类。

气硬胶结材料，这类胶结材料只能在空气中硬化产生强度，并长期地保持和发展强度，如石灰、石膏、菱苦土、水玻璃等都属于这一类。

水硬性胶结材料，这类材料不但能在空气中硬化产生强度还能在水中继续硬化，长期地保持或增长其强度，水泥属于这一类。

气硬化胶结材料，一般只宜用于地上及干燥环境中，不适宜用于过分潮湿及地下环境中，更不能用于水中，而水硬化胶结材料不但能在地上干燥环境及地下潮湿环境中使用，而且还可在水中使用。

无机胶结材料具有良好的建筑性能，能配制各种人造石材（如水泥混凝土、硅酸盐制品等），能调制砂浆、砌筑砖石，用作抹面装饰工程，是建筑工程中用途最广泛的建筑材料。

第二节 水 泥

一、水泥标准的改革

1. 水泥标号结构的变化（ISO法）

目前世界上水泥强度等级基本上统一在"ISO法"的基础上。我国原检测法从1979年前的"硬练法"转到"软练法",都存在虚假现象,从1999年采用了"ISO法"检验水泥强度之后,我国的通用五大品种水泥,即:硅酸盐水泥、普通硅酸盐水泥、矿渣硅酸盐水泥、火山灰硅酸盐水泥、粉煤灰硅酸盐水泥,这五大品种水泥的标准已与国际标准接轨。强度检验已由原来的标号改为强度等级。如硅酸盐水泥原强度是按规定令期的抗压和抗折强度划分为:425R、525、525R、625、625R、725R。改为强度等级之后,硅酸盐水泥强度等级按令期分为:42.5、42.5R、52.5、52.5R、62.5、62.5R。

2. ISO强度与原标号的关系

目前社会上有些资料推荐用下表作GB标号与ISO强度等级的换算可以使用,但一定要慎重,因为这个表是1996年、1997年选用我国实物水泥样品建立了AGB强度与ISO强度的全国统计关系,依此提出我国水泥GB标号与ISO标号的大致关系,见表3-5。

我国水泥 GB 标号与 ISO 标号统计关系　　　　表 3-5

GB 标号		325	425	525	625	协作单位
ISO 强度	1996 年	24.9	33.7	42.5	51.3	15 家
	1997 年	24.4	33.4	42.5	51.3	33 家
ISO 强度		—	32.5	42.5	52.5	

可知,我国水泥的GB标号过渡到ISO标号时大体上降了一个标号。即GB425→ISO32.5,GB525→ISO42.5等。GB325水泥过渡ISO标号时将被取消,它涉及我国1亿多吨水泥的生存大事,这里还应特别指出的是,并不是所有生产厂的水泥一律降低一个标号就过渡到了ISO标号,而是有的厂家水泥有的品种水泥降低得少,只有3~5mpb;有的厂家水泥有的品种水泥降低得很多,降低13~14mpb,这应引起水泥使用单位的注意,

慎重使用。

3. 五大品种水泥

(1) 硅酸盐水泥：是我国五大水泥中的第一位，主要成分是硅酸盐熟料加入适量石膏磨细制成的水硬性胶结材料，其定义为：由硅酸盐水泥熟料 0～5% 石灰石或粒化高炉矿渣，适量石膏磨细制成的水硬性胶凝材料，称为硅酸盐水泥（即国外通称的波特兰水泥）。

硅酸盐水泥有两种类型：Ⅰ类型（代号 P·Ⅰ）不渗混合材料；Ⅱ类型（代号 P·Ⅱ）在硅酸盐水泥粉磨时掺加不超过水泥质量 5% 的石灰石或粒化高炉矿渣混合材料。

强度等级为：42.5、42.5R、52.5、52.5R、62.5、62.5R。

(2) 普通硅酸盐水泥：是由硅酸盐水泥熟料 6%～15% 混合材料及适量石膏磨细制成的水硬性胶凝材料，称为普通硅酸盐水泥（简称普通水泥），代号 P·O。

强度等级：32.5、32.5R、42.5、42.5R、52.5、52.5R。

(3) 矿渣硅酸盐水泥：是由硅酸盐水泥熟料、粒化高炉矿渣和适量石膏磨细制成的水硬性胶凝材料称为矿渣硅酸盐水泥（简称矿渣水泥），代号 P·S。

强度等级：32.5、32.5R、42.5、42.5R、52.5、52.5R。

(4) 火山灰质硅酸盐水泥：是由硅酸盐水泥熟料、火山灰质混合材料和适量石膏磨细制成的水硬性胶凝材料称为火山灰硅酸盐水泥（简称火山灰水泥），代号 P·P。

水泥中火山灰质混合材料掺量按质量百分比计为 20%～50%。

强度等级：32.5、32.5R、42.5、42.5R、52.5、52.5R。

(5) 粉煤灰硅酸盐水泥：是由硅酸盐水泥熟料、粉煤灰和适量石膏磨细制成的水硬性胶凝材料称为粉煤灰硅酸盐水泥（简称粉煤灰水泥），代号 P·F。

水泥中粉煤灰掺量按质量百分比为 20%～40%。

强度等级：32.5、32.5R、42.5、42.5R、52.5、52.5R。

二、五大品种水泥的主要技术特征

1. 硅酸盐水泥和普通硅酸盐水泥

（1）细度：硅酸盐水泥比表面积大于 $300m^2/kg$，普通水泥 $80\mu m$ 方孔筛筛余不得超过 10.0%。

（2）凝结时间：硅酸盐水泥初凝不得早于 45min，终凝时间不得迟于 6.5h。普通水泥初凝不得早于 45min，终凝不得迟于 10h。

（3）安定性：用沸煮法检验必须合格（用试饼法或雷氏法）。

（4）强度：水泥强度等级按规定定期的抗压强度和抗折强度来划分。

2. 矿渣硅酸盐水泥、火山灰硅酸盐水泥、粉煤灰硅酸盐水泥

（1）细度：$80\mu m$ 方孔筛筛余不得超过 10.0%。

（2）凝结时间：初凝不得早于 45min，终凝不得迟于 10h。

（3）安定性：用沸煮方法检验必须合格（用试饼法或雷氏法）。

（4）强度：水泥强度等级按规定定期的抗压强度和抗折强度来划分。

三、五大品种水泥的质量等级

（1）水泥质量等级划分为优等品、一等品、合格品三个等级。

（2）优等品、一等品的划分从 1997 年新标准已经不再按标号进行分级，而是通过增加和提高水泥 3d 的抗压强度指标进行划分。

（3）合格品：按我国现行水泥产品标准组织生产水泥实物质量水平必须达到产品标准的要求。

（4）不合格品：凡细度、终凝时间、不溶物和烧失量中的任一项不符合标准规定或混合材料掺加量超过最大限量和强度低于商品强度等级的指标时为不合格品。

四、建筑装饰装修宜选用的水泥品种和强度等级

（1）水泥砂浆地面面层采用水泥宜为硅酸盐水泥、普通硅酸盐水泥，其强度等级不应小于42.5。

（2）水磨石地面面层：白色或浅色的水磨石面层应采用白水泥，深色的水磨石面层宜采用硅酸盐水泥、普通硅酸盐水泥或矿渣硅酸盐水泥，其强度等级不应小于42.5。

（3）板（块）地面铺设的水泥砂浆结合层：宜采用硅酸盐水泥、普通硅酸水泥或矿渣硅酸盐水泥，其强度等级不应小于32.5。

（4）抹灰工程：宜选用普通硅酸盐水泥、矿渣硅酸盐水泥、粉煤灰硅酸盐水泥，其强度等级32.5。

（5）砌体工程：在抹灰工程选用水泥品种基础上增加火山灰硅酸盐水泥，其强度等级32.5。

五、水泥进场使用前应注意事项

（1）严防不合格品：凡细度、终凝时间、不溶物和烧失量中的任一项不符合标准规定或混合材料掺加量超过最大限量和强度低于商品强度等级的指标时为不合格品。包装袋标志不清、不全也为不合格品。

（2）水泥进入施工现场时必须有出厂合格证或进场试验报告，包装袋上应清楚标明：产品名称、代号、净含量、强度等级、生产许可证编号、生产者名称和地址、出厂编号、执行标准号、包装年月日。掺火山灰质混合材料的普通水泥还应标上"掺火山灰"字样。包装袋两侧应印有水泥名称和强度等级，硅酸盐水泥和普通水泥的印刷采用红字，如果水泥袋上标志不全也属于不合格品。

散装运输时应提交与袋装标志相同的卡片。

（3）水泥在使用前一律应分批对其凝结时间、强度、安定性进行复验，检验批应以同一生产厂家、同一编号为一批。

（4）不同品种水泥不得混用。

（5）水泥在运输与贮存时不得受潮和混入杂物，不同品种和强度等级的水泥应分别贮运，不得混杂。

（6）当水泥在使用中对质量有怀疑或水泥出厂超过三个月（快硬硅酸盐水泥超过一个月）时，应复查试验，并按其结果使用。

六、复试取样规则与方法

1. 取样检验规则

（1）同一水泥厂生产的同期出厂、同标号、同品种的水泥以一次进场的同一出厂编号水泥为一批。

（2）一批的总量不得超过 200t（每一编号为一取样单位）。

2. 取样数量　每一验收批取样一组，数量为 12kg

3. 取样方法

取样要有代表性：随机地从 20 个以上的不同部位或不少于 20 袋中各采取等量水泥，经混拌均匀后再从中抽取不少于 12kg 水泥作为检验试样（拌合均匀后分成两等份，一份由试验室按标准进行试验，一份密封保存以备试验用）。

七、水泥库的搭设和库内布置

（1）水泥库应靠近搅拌机，地势高，排水好，交通方便的地方。

（2）屋顶应防雨，库内应防潮，一般应距地面 300mm 铺板，板上铺苇席。

（3）库应有前、后门，中间是通道便于装卸（通道宽 1.5m）。

（4）不同品牌、不同标号水泥应分开码垛，垛与垛之间分隔。

（见图 3-2 水泥库室内平面布置图）

（见图 3-3 侧面开门水

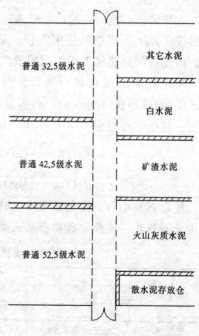

图 3-2　水泥库室内平面布置图

泥库）

图 3-3　侧面开门水泥库

第三节　石　灰

一、概述

在我国，石灰的使用有着悠久的历史。由于生产石灰的原料分布很广，生产简单，使用方便，成本低廉，并且有良好的性能，因此石灰是建筑工程中应用很广泛的气硬性胶结材料。

制造石灰的原料是石灰岩，石灰岩的主要成分是碳酸钙（$CaCO_3$）与碳酸镁（$MgCO_3$），石灰岩经适当温度煅烧后即成为生石灰，其化学反应为：

$$CaCO_3 \xrightarrow{900℃} CaO + CO_2 \uparrow$$

$$MgCO_3 \xrightarrow{600℃} MgO + CO_2 \uparrow$$

按照石灰中氧化镁及黏土质（硅、铝、铁氧化物之和）含量多少分为钙质、镁质、硅质石灰三类，分类界限见表3-6。

石灰分类界限　　　　　　　　　　　　　　　　表 3-6

氧化物	石　灰　类　别		
	钙　质	镁　质	硅　质
	分　类　界　限		
氧化镁	小于或等于5%	大于5%	
黏土质	小于或等于5%	小于或等于5%	大于5%

煅烧正常的生石灰多为白色松软多孔状态，重量则大大减轻，石灰在煅烧时常因温度不均，石灰岩块体大小不同等原因而形成过火或欠火石灰。欠火石灰因碳酸钙未完全分解，因此不能熟化，无法应用。

过火石灰是由于石灰岩中含有二氧化硅和三氧化二铝等杂质熔化而成，或是窑温过高所致。过火石灰熟化十分缓慢，而它的细小部分可能在石灰应用以后熟化，这时在已硬化的灰浆中产生膨胀而引起崩裂或隆起等现象，影响工程质量。

二、石灰的熟化和硬化

生石灰（块灰）在使用前一般都用水熟化。生石灰的熟化是水化作用，同时放热，其化学反应式为：

$$CaO + H_2O = Ca(OH)_2 + 15.5kcal$$
$$\text{生石灰} \quad \text{水} \quad \text{熟石灰}$$

工地上熟化石灰主要有两种方法，一是淋灰膏，这是主要方法，为使石灰完全熟化，石灰浆必须在淋灰池保持两星期以上，因此施工中要求提前淋灰；二是熟化成消石灰粉，应采用分层浇水法，也需要熟化两星期以上。

石灰浆与砂等拌和成砌筑及抹灰砂浆，在空气中能逐渐硬化，是由下面两个同时进行的过程来完成的。

1. 结晶作用

游离水分蒸发，氢氧化钙逐渐从饱和溶液中析出结晶。

2. 碳化作用

氢氧化钙与空气的二氧化碳化合生成碳酸钙结晶，释出水分并被蒸发：

$$Ca(OH)_2 + CO_2 + nH_2O = CaCO_3 + (n+1)H_2O$$

3. 石灰的技术性质与应用

（1）石灰是硬化缓慢的材料，因空气中二氧化碳气稀薄（0.03％）碳化甚为缓慢，而且表面碳化后形成紧密外壳不利于碳化作用的深入，也不利于内部水分蒸发，因此石灰硬化缓慢，同时石灰的硬化只能在空气中进行，硬化后的强度不高，1：3 石灰砂浆 28d 抗压强度通常只有 2～5kg/cm² 。受潮后强度更低，在水中还会溶解溃散，所以石灰不宜在潮湿环境下使用，也不宜用于重要建筑物基础。

（2）石灰收缩大不宜单独使用。石灰在硬化过程中蒸发大量的游离水而引起显著的收缩，所以除调成石灰乳作薄层涂刷外，不宜单独使用，常在其中掺入砂子和麻刀、纸筋等，以防止收缩。

（3）石灰不宜脱水过速。

（4）块状生石灰存放时间不宜超过一个月。因生石灰吸收空气中的水分而自动熟化成熟石灰粉，再与空气中二氧化碳气作用还原为碳酸钙，失去胶结能力。所以生石灰应随到随熟化。

（5）储存生石灰时要注意防火。因为熟化生石灰时放出大量的热，容易引起火灾。

（6）石灰浆在熟化池中进行熟化，其表面应有一层水，其目的是不让石灰浆碳化和结晶。

第四节　建筑石膏

一、概述

建筑石膏是天然二水石膏（亦称生石膏），经低温（107～170℃）煅烧分解为半水石膏，经磨细而成，煅烧时的反应式是：

$$CaSO_4 \cdot 2H_2O \xrightarrow{107～170℃} CaSO_4 \cdot 0.5H_2O + 1.5H_2O$$

生石膏(二水石膏)　　　　熟石膏（半水石膏）　　水

当半水石膏遇水时，将重新还原成二水石膏：

$$CaSO_4 \cdot 0.5H_2O + 1.5H_2O = CaSO_4 \cdot 2H_2O$$

二、石膏的技术性质与应用

（1）建筑石膏（半水石膏）的密度约为 2.6～2.75g/cm³ 堆积密度在磨细的散粒状态下为 800～1000kg/m³ 。

（2）石膏凝结快，在掺水后几分钟内即开始凝结，产生强度，终凝时间不超过 30min，石膏的凝结时间根据工程情况可以调整。欲加速，可掺入少量磨细的未经煅烧的石膏；欲缓慢，则掺入为水量 0.1% ~ 0.2% 的胶或亚硫酸盐酒精废渣、硼砂等。

（3）建筑石膏凝结时不收缩，反出现约 1% 的膨胀，因此硬化时不出现裂纹，可以单独使用。

（4）建筑石膏的耐水性和抗冻性较差，因为建筑石膏遇水结晶溶解而引起破坏，吸水后受冻，并因孔隙中水分结冰而崩裂。

（5）贮存期不宜过长，一般贮存三个月后强度约降低 30% 左右。

（6）建筑石膏适宜用于室内装饰、隔热保温、吸音防火等，但不宜靠近 65℃ 以上高温，因为二水石膏在此温度以上开始脱水分解，建筑石膏一般做成石膏抹面灰浆、石膏零件和石膏板。

第五节 水 玻 璃

一、概述

水玻璃是将硅酸钠溶于水而制成，故叫做可溶性水玻璃，水玻璃与普通玻璃的区别为能溶于水，以后又能在空气中硬化。

制造水玻璃的原料为石英砂（SiO_2）与纯碱（Na_2CO_3）原料经磨细按一定比例配合后在玻璃熔炉内以 1300 ~ 1400℃温度熔化生成硅酸钠，即成固体状的水玻璃。

$$Na_2CO_3 + nSiO_2 = Na_2O \cdot nSiO_2 + CO_2 \uparrow$$

其中 n 为 SiO_2 与 Na_2O 的分子比，称为水玻璃的硅酸盐模数，通常为 2.0 ~ 3.5，随着硅酸盐模数的提高，水玻璃的粘度增加，可溶性降低。

水玻璃自熔炉中倒出，随即冷却成块状透明固体，然后在 3 ~ 8 大气压的高压蒸气锅内或热水中将固体水玻璃溶成液体，呈胶质溶液状态的水玻璃，相对密度为 1.32 ~ 1.50。它是无色、微黄或白色浓稠溶液。

水玻璃是一种矿物胶，能溶于水。在施工中稠稀度可根据需要随时调节，使用很方便。

二、水玻璃的硬化原理

（1）水玻璃在空气中 CO_2 的作用下，由于干燥和析出无定形含水氧化硅而硬化。

$$Na_2O \cdot nSiO_2 + CO_2 + mH_2O = Na_2CO_3 + nSiO_2 \cdot mH_2O$$

但此过程进行很慢，可延长数月之久，为加速硬化可将水玻璃加热或加入硬化剂，常用的硬化剂有氟硅酸钠（Na_2SiF_6），加入量为水玻璃重的12%～15%。

（2）水玻璃和氟硅酸钠互相作用，反应后生成硅酸凝胶和可溶性氟化钠，硅酸凝胶 $Si(OH)_4$，再脱水生成二氧化硅而具有强度和耐腐蚀性能，其化学反应如下：

第一步：水玻璃同氟硅酸钠反应

$$2Na_2SiO_3 + Na_2SiF_6 + 6H_2O \longrightarrow 6NaF + 3Si(OH)_4$$

第二步：凝胶脱水

$$Si(OH)_4 \longrightarrow SiO_2 + 2H_2O$$

水玻璃具有高度的耐酸性能，它能经受大多数无机酸与有机酸的作用，因此常用作耐酸材料，如调制耐酸砂浆、耐酸混凝土等，此外水玻璃常用作耐热砂浆、耐热混凝土、防水涂料以及加固土壤、加固混凝土结构及砖石砌体等，亦可做膨胀珍珠岩、膨胀蛭石等保温材料制品的胶凝材料，常用水玻璃类耐酸材料施工配合比见表3-7。

水玻璃类耐酸材料的施工配合比 　　　　　　　　　　表 3-7

材料名称	配合比（重量比）					
	水玻璃	氟硅酸钠	粉料	骨料		
			铸石粉	铸石粉石英粉 1:1	细骨料	粗骨料
水玻璃胶泥	1	0.15～0.18	2.55～2.70	2.20～2.40		
水玻璃（1）砂浆（1）	1	0.15～0.17	2.0～2.2		2.50～2.70	
	1	0.15～0.17		2.0～2.2	2.50～2.60	
水玻璃（1）混凝土（2）	1	0.15～0.16	2.0～2.2		2.3	3.2
	1	0.15～0.16		1.8～2.0	2.40～2.50	3.2～3.3

表中氟硅酸钠用量按水玻璃中氧化钠含量的变动而调整的，氟硅酸钠纯度按100％计。

第六节 装饰石材

装饰石材是指石材用于建筑装饰的产品，包括天然饰面石材和人造饰面石材两大类。天然饰面石材是指天然大理石、花岗石等，人造饰面石材包括水磨石、人造大理石、人造花岗石等。

一、天然大理石材料

天然大理石是石灰岩与白云岩在高温、高压作用下矿物重新结晶，变质而成，它具有致密的隐晶结构，经矿山开采出来的天然大理石块称为大理石荒料。大理石荒料经锯切、磨光后就成为大理石装饰板材。

1. 特点

具有品种繁多、花纹多样、色泽鲜艳、石质细腻、抗压性强、吸水率低、耐腐蚀、耐磨、耐久性好、不变形等特点。

大理石的缺点：一是硬度较低，如在地面上使用，磨光面层容易损坏；二是抗风化能力差，不宜用于建筑物外墙面和其他露天部位的装饰。因为空气中常会有二氧化硫，遇水时生成亚硫酸，以后变为硫酸，与大理石中的碳酸钙反应，生成易溶于水的硫酸钙，使表面失去光泽，变得粗糙多孔，而降低建筑的装饰效果。

2. 用途

大理石饰面板主要用于宾馆、饭店、酒楼、展览馆、博物馆、办公楼等高级建筑物的室内地面、楼面、墙面、台面、窗台、踢脚线等处装饰，也可用于高档卫生间、洗手间的洗漱台面及各种家具的台面。

3. 品种

大理石饰面板的品种命名顺序以荒料产地地名、磨光后所显

现的花纹、色泽、特征命名，列举常用的部分品种及特征见表
3-8。(图 3-4)

图 3-4　大理石磨光图

部分常用大理石品种及特征　　　　　　　　　表 3-8

名称	产地	特征
汉白玉	北京房山	玉白色、微有杂点和脉
雪花	山东掖县	白间淡灰色，有均匀中晶，有较多黄杂点
风雪	云南大理	灰白色、微晶，有黑色纹脉或斑点
碧玉	辽宁连山关	嫩绿或深绿和白色絮状相渗
彩云	河北获鹿	浅翠绿色底，深浅绿絮状相渗，有紫斑或脉
海涛	湖北	浅灰底，有深浅间隔的青灰色条状斑带
残雪	河北铁山	灰白色，有黑色斑带
晚霞	北京顺义	石英间土黄斑底，有深黄叠脉，间有黑晕
桃红	河北曲阳	桃红色、粗晶，有黑色缕纹或斑点
银河	湖北下陆	浅灰色、密布粉红脉络杂有黄脉
秋枫	江苏南京	灰红底，有血红晕脉
岭红	辽宁铁岭	紫红底
红花玉	湖北大冶	肚红底，夹有大小浅红碎石块
黑璧	河北获鹿	黑色，杂有少量浅黑斑或少量黄缕纹
莱阳黑	山东莱阳	灰黑底，间有墨斑灰白色点
墨玉	贵州广西	黑色

4. 天然大理石板材的质量标准要求

天然大理石板材产品质量应符合表 3-9、表 3-10、表 3-11 的
规定（内容摘自 JC/T79—2001）。

天然大理石普型（正方或长方形）板材规格尺寸允许偏差　　　　表 3-9

部　　　　位		优等品（mm）	一等品（mm）	合格品（mm）
长度、宽		0 -1.0	0 -1.0	0 -1.5
厚　度	≤12mm	±0.5	±0.8	±1.0
	>12mm	±1.0	±1.5	±2.0

天然大理石板材平面度允许极限公差　　　　表 3-10

板材长度范围 （mm）	允许极限公差值		
	优等品（mm）	一等品（mm）	合格品（mm）
≤400	0.20	0.30	0.50
400～800	0.50	0.60	0.80
≥800	0.70	0.80	1.00

天然大理石板材角度允许极限公差　　　　表 3-11

板材长度范围 （mm）	允许极限公差值		
	优等品（mm）	一等品（mm）	合格品（mm）
≤400	0.30	0.40	0.50
>400	0.40	0.50	0.70

其他质量要求（内容摘自 JC/T79—2001）

（1）板材厚度小于或等于 15mm 时，同一块板材上的厚度允许极差为 1.0mm；板材厚度大于 15mm 时，同一块板材上的厚度允许极差为 2.0mm。

（2）拼缝板材，正面与侧面的夹角不得大于 90°。

（3）异型板材角度允许极限公差由供需双方商定。

（4）圆弧板侧面角应不小于 90°。

（5）同一批板材的花纹色调基本调和。

（6）板材允许粘接和修补。但不得影响板材的装饰质量和物理性能。

(7) 镜面板材的镜向光泽值应不低于 70 光泽单位或者供需双方协商确定。

(8) 体积密度为 2600 ~ 2700kg/m³。

(9) 吸水率不大于 0.50%。

(10) 干燥压缩强度不小于 50MPa。

(11) 弯曲强度不小于 7.0MPa。

(12) 外观缺陷的质量要求：优等品、一等品、合格品一律不允许有超过 10mm 长的裂纹。优等品不允许有缺棱、缺角、色斑、砂眼。(见 JC/T 79—2001 表 6)

二、天然花岗石板材

天然花岗石板材是从火成岩中开采的花岗岩、安山岩、辉长岩、片麻岩为荒料，经过切片、加工磨光，成为不同规格的石板。

1. 特点

具有结构致密、质地坚硬、密度大，抗压强度大，硬度大，耐磨性好，吸水率小，耐冻性强，可经受 100 ~ 200 次以上的冻融循环。

花岗石的缺点：自重大；硬度大不利于开采和加工；质脆，耐火性差，受热温度 800℃ 以上时，其中 SO_2 的晶型转变而造成体积膨胀，导致石材爆裂，丧失强度。某些花岗石含有微量放射性元素，对这类花岗石应避免用于室内。

2. 用途

适用于宾馆、饭店、酒楼、商场、银行、影剧院、展览馆等的门面、室内地面、墙面、柱面、墙裙、楼梯、台阶、踏步、水池水槽、造型面以及墙面的装饰，还用于酒吧台、服务台、收款台、展示台、纪念碑、墓碑、铭牌等处。

3. 品种

(1) 花岗石可根据不同用途，按其加工方法分为：

1) 剁斧板材。经剁斧加工，表面粗糙，具有规划的条状斧纹。一般用于室外地面、台阶、基座等处。

2) 机刨板材。经机械加工，表面平整，有相互平行的机械刨纹。一般用于地面、台阶、基座、踏步、檐口等处。

3）粗磨板材。经过粗磨，表面平滑，无光泽，常用于墙面、柱面、台阶、基座、纪念碑、墓碑、铭牌等处。

4）磨光板材。经过细磨加工和抛光，表面光亮，晶体裸露，有的品种同大理石板一样具有鲜明的色彩和美丽的花纹。多用于室内外墙面、地面、立柱等装饰及旱冰场地面、纪念碑、墓碑、铭牌等处。

（2）按其颜色分有：

1）红色系列：四川红、石棉红、岭溪红、虎皮红、樱桃红、平谷红、杜鹃红、玫瑰红、贵妃红、鲁青红、连州大红、连州中红等。

2）黄红色系列：岭溪桔红、东留肉红、连州浅红、兴泽桃红、光泽桔红、平谷桃红、浅江小花、樱花红、珊瑚花、虎皮黄等。

3）青色系列：芝麻青、米易绿、攀西兰、南雄青、青花、菊花青、竹叶青、济南青、红磨青等。

4）花白系列：白石花、四川花白、白虎涧、济南花白、烟台花白、黑白花、芝麻白、岭南花白、花白等。

5）黑色系列：淡青黑、纯黑、芝麻黑、四川黑、贵州黑、烟台黑、深阳黑、荣城黑、乌石锦、长春黑等。

4．天然花岗石板材的质量标准要求

天然花岗石板材产品质量应符合表 3-12、表 3-13、表 3-14、表 3-15 的规定（内容摘 JC205—92）。

天然花岗石板材的规格尺寸允许偏差　　　　表 3-12

分　类		细面和镜面板材			粗面板材		
等　　级		优等品 （mm）	一等品 （mm）	合格品 （mm）	优等品 （mm）	一等品 （mm）	合格品 （mm）
长、宽度		0 －1.0	0 －1.5	0 －1.0		0 －2.0	0 －3.0
厚度	≤15mm	±0.5	±1.0	+1.0 －2.0	—		
	>15mm	±1.0	±2.0	+2.0 －3.0	+1.0 －2.0	+2.0 －3.0	+2.0 －4.0

天然花岗石板材的平面度允许极限公差 表 3-13

板材长度范围 （mm）	细面和镜面板材			粗 面 板 材		
	优等品 （mm）	一等品 （mm）	合格品 （mm）	优等品 （mm）	一等品 （mm）	合格品 （mm）
≤400	0.20	0.40	0.60	0.80	1.00	1.20
400～1000	0.50	0.70	0.90	1.50	2.00	2.20
≥1000	0.80	1.00	1.20	2.00	2.50	2.80

天然花岗石板材的角度允许极限公差（mm） 表 3-14

板材长度范围 （mm）	细面和镜面板材			粗 面 板 材		
	优等品 （mm）	一等品 （mm）	合格品 （mm）	优等品 （mm）	一等品 （mm）	合格品 （mm）
≤400	0.40	0.60	0.80	0.60	0.80	1.00
>400			1.00		1.00	1.20

天然花岗石的外观质量要求 表 3-15

名称	规 定 内 容	优等品	一等品	合格品
缺棱	长度不超过 10mm（长度小于 5mm 不计），周边每米长（个）	不允许	1	2
缺角	面积不超过 5mm×2mm（面积小于 2mm×2mm 不计）每块板（个）			
裂纹	长度不超过两端顺延至板边总长度的 1/10（长度小于 20mm 的不计），每块板（条）			
色斑	面积不超过 20mm×30mm（面积小于 15mm×15mm 不计），每块板（个）			
色线	长度不超过两端顺延至板边总长度的 1/10（长度小于 40mm 的不计），每块板（条）	不允许	2	3
坑窝	粗面板材的正面出现坑窝	不允许	不明显	出现，但不影响使用

其他质量要求（内容摘自 JC205—92）：

（1）板材厚度小于或等于 15mm，同一块板材上的厚度允许极差为 1.5mm；板材厚度大于 15mm，同一块板材上的厚度允许极差为 3.0mm。

（2）拼缝板材正面与侧面的夹角不得大于 90°。

（3）异型板材角度允许极限公差，由供需双方商定。

（4）同一批板材的色调、花纹应基本调和。

（5）镜面板材，正面应有镜面光泽，其光泽度应不低于 75 光泽单位。

（6）堆积密度不小于 2.50g/cm³。

（7）吸水率不大于 1.0%。

（8）干燥压缩强度不小于 60.0MPa。

（9）弯曲强度不小于 8.0MPa。

三、水磨石板材

水磨石板材是以水泥和大理石米粒石为主要原料，经过成型、养护、研磨、抛光等工序制成的一种建筑装饰用人造石材。一般预制水磨石板材是以普通水泥混凝土为底层，以添加颜料的白水泥和彩色水泥与各种大理石米粒石制的混凝土为面层所组成。

1．特点

具有美观、适用、强度高、施工方便、价格低等特点，颜色可按需要任意配制，花色品种多，并可在使用时拼铺成各种图案。

2．用途

地面、踢脚线、楼梯踏步等处，也可用与楼面、柱面、墙裙、窗台、台面等处。

3．水磨石板材的质量要求

水磨石板材产品质量应符合表 3-16、表 3-17、表 3-18 的规定（内容摘自 JC507—93）。

表 3-16

缺陷名称	优等品	一等品	合 格 品
返浆杂质	不允许	不允许	长×宽≤10mm×10mm 不超过 2 处
色差、划痕、杂石、漏砂、气孔	不允许	不明显	不明显
缺 口	不允许	不允许	不应有长×宽>5mm×3mm 的缺口，长×宽≤5mm×3mm 的缺口周边上不超过 4 处，但同一条棱上不超过 2 处

越线和图案偏差规定 表 3-17

缺陷名称	优等品	一等品	合格品
图案偏差（mm）	≤2	≤3	≤4
越 线	不允许	越线距离≤2 长度≤10 允许 2 处	越线距离≤3 长度≤20 允许 2 处

规格尺寸、平面度、角度允许极限偏差 表 3-18

类别	项目 等级	长度×宽度 （mm）	厚度 （mm）	平面度 （mm）	角度 （度）
墙面、柱面 （Q）	优等品	0 −1	±1	0.6	0.6
	一等品	0 −1	+1 −2	0.8	0.8
	合格品	0 −2	+1 −3	1.0	1.0
地面、楼面 （D）	优等品	0 −1	+1 −2	0.6	0.6
	一等品	0 −1	±2	0.8	0.8
	合格品	0 −2	±3	1.0	1.0

类别	项目\等级	长度×宽度（mm）	厚度（mm）	平面度（mm）	角度（度）
踢脚线、三角板（T）	优等品	±1	+1 −2	1.0	0.8
	一等品	±2	±2	1.5	1.0
	合格品	±3	±2	2.0	1.5
隔断板、高台板和台面板（G）	优等品	±2	+1 −2	1.5	1.0
	一等品	±3	±2	2.0	1.5
	合格品	±4	±3	3.0	2.0

其他质量要求（内容摘自 JC507—93）：

（1）厚度小于或等于 15mm 的单面磨光水磨石，同块水磨石的厚度极差不得大于 1mm；厚度大于 15mm 的单面磨光水磨石的厚度极差不得大于 2mm。

（2）侧面磨光的拼缝水磨石，正面与侧面的夹角不得大于 90°。

（3）出石率：磨光面的石渣分布应均匀。石渣粒径大于或等于 3mm 的水磨石，出石率应不小于 55%。

（4）抛光水磨石的光泽度，优等品不得低于 45 光泽单位；一等品不得低于 33 光泽单位；合格品不得低于 25 光泽单位。

（5）水磨石的吸水率不得大于 8%。

（6）水磨石的抗折强度，平均值不得低于 5.0MPa，且单块最小值不得低于 4.0MPa。

四、人造大理石、含花岗石板材

人造大理石、花岗石板材是以水泥或树脂为胶粘剂，配以天然大理石、花岗石或方解石、白云石、石英砂、玻璃粉等无机矿物粉料，以及阻燃剂、稳定剂、颜色等，经配料混合、浇注、振动、压缩、挤压等方法而制成。通过颜料、填料和加工工艺等的变化可以仿制成天然大理石、天然花岗石等表面装饰效果，故称为人造大理石、人造花岗石。

1. 特点

具有重量轻、强度高、色泽均匀、结构紧密、耐磨、耐水、耐腐蚀、耐寒等特点。

2. 用途

适用于宾馆、饭店、旅馆、商店、会客厅、会议室、休息室的墙面门套或柱面装饰，也可用作工厂、学校、医院的工作台面及各种卫生洁具，还可加工制成浮雕、工艺品、美术装潢品和陈列品等。

3. 分类

人造大理石按照生产所用材料，目前一般分为四类，如表3-19。

人造大理石的种类与特点　　　　　表 3-19

名　称	基　本　材　料	特　　点
水泥型人造大理石	胶粘剂：各种水泥 骨料：砂为细骨料，大理石、花岗石、工业废渣等粗骨料	以铝酸盐水泥的制品最佳，表面光泽度高、花纹耐久。具有抗风化能力、耐火性、防潮性都优于一般人造大理石，价格低，耐腐蚀性能较差
树脂型人造大理石	胶粘剂：不饱和聚酯树脂及其配套材料 骨料：石英砂、大理石、方解石粉	光泽好、颜色浅，可调成不同的鲜明颜色。制作方法国际上比较通行，宜用于室内。价格相对较高
复合型人造大理石	胶粘剂：兼有无机材料和有机高分子材料 底层：性能稳定的无机材料 面层：聚酯树脂和大理石粉	具有以上两类大理石的优点，既有良好的物化性能、成本也较低
烧结型人造大理石	胶粘剂：黏土约占 40%（高岭土） 骨料：约占 60%（斜长石、石英、辉石、方解石和赤欣矿粉）	生产方法与陶瓷工艺相似，高温焙烧能耗大，价格高，产品破损率高

4.人造大理石板材产品质量要求

人造大理石板材产品质量应符合下述要求：

（1）物理性能（见表3-20）：

人造大理石的物理性能 表3-20

抗折强度（MPa）	抗压强度（MPa）	冲击强度（J/cm²）	表面硬度（巴氏）	表面光泽度（度）	密度（g/cm³）	吸水率（%）	线膨胀系数×10⁻⁵
38.0左右	>100	1.5左右	40左右	>100	2.10左右	<0.1	2～3

（2）耐久：

1）聚冷聚热（0℃，15min与80℃，15min）交替进行30次，表面无裂纹，颜色无变化。

2）80℃烘100h，表面无裂缝、色泽略微变黄。

3）室外暴露300d，表面无裂缝、色泽微变黄。

4）人工老化试验结果见表3-21。

人工老化试验 表3-21

树脂	项目	时间（h）		
		0	200	1000
306—2	光泽度	85	63	26.7
	色差	43.6	0.0	41.3
196	光泽度	86	74	29
	色差	43.8	0.0	41

第七节 陶 瓷

前言：在第一本中已就陶瓷品种、分类以及外观质量标准和验收方法已做了比较详细的介绍，所以第二本重点讲述设计选用陶瓷砖的原则，陶瓷质量检测的方法、吸水率的判定等，以及陶瓷壁画的品种、特点和市场。

一、设计选砖原则

（1）内墙砖主要适用于厨房、卫生间的内墙装饰。较流行的有深色釉面砖、透明釉面砖、浮雕艺术砖及腰线砖。选择厨房、浴室的瓷砖时，首先要考虑以下几个因素：整体装修风格、空间的大小及采光情况、投入的经济费用。一般来说复古系列、花纹复杂华丽的瓷砖，适合于装修较豪华的家居及面积较大的空间。纯色的图案简洁的瓷砖，适用在现代感强、风格明快的家居中。倘若装修费用充裕，可选用腰线砖和浮雕艺术砖（花件）见图 3-5。

需要经常清洗的公用部分宜选用白色。

图 3-5　艺术砖

（2）在选地砖时安全性为首选指标。如厨房、浴室较容易潮湿，选择时应考虑有防滑功能的系列，特别是有老年人使用的居室更应当将防滑定为首选基础，而后是与墙面的对比色调和空间的整体协调。

一般来讲，地面砖应选择低明度的色彩，比墙面暗半度，保持居室整体上轻下重的稳定感，也易保持地面的清洁。

（3）外墙要经受日晒雨淋，北方地区要经受反复的冻融，而且多处于公共地区，如果瓷砖剥落，会影响行人的生命安全和建筑物的美观，事关重大。因此选用质量好，吸水率低的瓷质砖。

二、陶瓷砖的分类与用途

按陶瓷砖吸水率等技术性能确定的镶贴部位分类，大体分为室内墙面砖、室内地砖、室外墙面砖、室外地砖四大类。

1．室内墙砖

主要适用于厨房、卫生间和医院等需要经常清洗的室内墙面。常用的品种有浅色、透明，也有选用深色或有浮雕艺术砖及腰线等。如:（图3-6）。

（1）彩釉砖、炻质砖：吸水率在 6% ～ 10% 之间，干坯施釉一次烧成，颜色丰富，多姿多彩，经济实惠。

（2）釉面砖：分为闪光釉面砖、透明釉面砖、普通釉面砖、浮雕釉面砖、腰线砖（饰线砖）。吸水率 > 10%。

图 3-6　浮雕艺术砖

1）闪光釉面砖：陶质砖分为结晶釉和砂金釉，其中砂金釉是釉内结晶呈现金子光泽的细结晶的一种特殊釉，因形状与自然界的砂金石相似而得名。

2）透明釉面砖:陶质砖、透明釉面砖是指釉料经高温熔融后生成的无定形玻璃体，坯体本身的颜色能够通过釉层反映出来。

3）普通釉面砖：陶质砖一般为白色分有光、无光两种。

4）浮雕釉面砖：陶质砖是釉上彩绘的一种。

5）腰线砖：用于腰间部位的长条砖。

2. 室内地面砖（图 3-7）

图 3-7　室内地面砖

地砖的选择应以耐磨防滑，多为瓷质砖，也有陶质砖，经常选用以下几个品种：

（1）有釉、无釉各色地砖：有白色、浅黄、深黄等色调要均匀，砖面平整、抗腐、耐磨。

（2）红地砖：吸水率不大于 8% 具有一定的吸湿、防潮性，多用于卫生间、游泳池。

（3）瓷质砖：吸水率不大于 0.5%，耐酸耐碱、耐磨度高、抗折强度不小于 25MPa，适用于人流量大的地面。

（4）陶瓷锦砖：密度高、抗压强度高，耐磨、硬度高、耐酸、耐碱，多用于卫生间、浴室、游泳池和宜清洁的车间。

（5）梯测砖（又名防滑条）：有多种色或单色，带斑点，耐磨、防滑，多用于楼梯踏步、台阶、站台等处。

3．外墙面砖

是指用于建筑物外墙的瓷质或炻质装饰砖，有施釉和不施釉之分，具有不同的质感和颜色。它不仅可以保护建筑物的外墙表面不被大气侵蚀，而且使其表面美观。

（1）选择室外面砖应注意砖的吸水率要低，依据规范，外墙饰面砖工程施工及验收规程，《JGJ 126—2000》规定在我国Ⅰ、Ⅵ、Ⅶ建筑气候地区（见表 3-22）饰面砖吸水率不应大于 3%，Ⅱ气候区不应大于 6%，这都是陶瓷底坯的釉面砖达不到的。减少吸水率的目的就是为了防止雨水透过面砖渗到基层，进入冬季受冻，如此反复，面砖就会脱落。

建筑气候分区图   表 3-22

气候区号	地 区 名 称	吸水率	冻融
Ⅰ区	黑龙江、吉林全境、辽宁大部、内蒙古中北部、陕西、山西、河北、北京北部的部分区域	<3%	50次
Ⅱ区	天津、宁夏、山东全境、北京、河北、山西、陕西大部、辽宁南部、甘肃中东部以及河南、安徽、江苏北部的部分地区	<6%	40次
Ⅲ区	上海、浙江、江西、湖北、湖南全境、江苏、安徽、四川大部、陕西、河南南部、贵州东部、福建、广东、广西北部和甘肃南的部分地区	<6%	
Ⅳ区	海南、台湾全境、福建南部、广东、广西大部以及云南西南部	<6%	
Ⅴ区	云南大部、贵州、四川西南部、西藏南部一小部分地区	<6%	
Ⅵ区	青海全境、西藏大部、四川西部、甘肃西南部、新疆南部部分地区	<3%	50次
Ⅶ区	新疆大部、甘肃北部、内蒙古西部	<3%	50次

（2）外墙常用的瓷砖品种

1）由于气候区的划定，外墙面基本上仅能选用瓷质砖，因该砖瓷质坯体致密，基本上不吸水，有一定的半透明性，在有的地区也可以适当选用气孔率很低的炻器坯体砖。

2）外墙饰面砖宜采用背面有燕尾槽的产品（见图3-8）。

图 3-8　外墙饰面砖

3）应选用符合以上条件的瓷质砖和彩釉砖。其中包括：瓷质彩釉砖（全瓷釉面砖）、线砖（表面有突起线纹、有釉、有黄绿等色）、立体彩釉砖（表面有釉做成各种立体图案）、瓷质渗花抛光砖（仿大理石砖）、瓷质仿古砖（仿花岗岩饰面砖）、陶瓷锦砖（马赛克）、劈离砖等。

外墙面砖多为矩形，其尺寸接近于普通黏土砖侧面和顶面尺寸。而釉面砖大多为方形，近年也开始生产长方形。在厚度上较外墙面砖薄。

三、规格尺寸

1. 陶瓷面砖常用的规格尺寸（见表 3-23）

陶瓷砖规格

表 3-23

项　目	彩釉砖	釉面砖	瓷质砖	劈离砖	红地砖
规格尺寸 (mm × mm × mm)	100 × 200 × 7	152 × 152 × 5	200 × 300 × 8	240 × 240 × 16	100 × 100 × 10
	200 × 200 × 8	100 × 200 × 5.5	300 × 300 × 9	240 × 115 × 16	152 × 152 × 10
	200 × 300 × 9	150 × 250 × 5.5	400 × 400 × 9	240 × 53 × 16	
	300 × 300 × 9	200 × 200 × 6	500 × 500 × 11		
	400 × 400 × 9	200 × 300 × 7	600 × 600 × 12		
	异型尺寸	异型尺寸	异型尺寸	异型尺寸	异型尺寸

2. 装饰砖常用的规格尺寸（见表 3-24）

装饰砖规格特点

表 3-24

品种	常用尺寸 (mm × mm)	基　本　特　点	执行标准	适用范围
腰线砖 （饰线砖）	100 × 300 100 × 250 100 × 200 50 × 200	以条形状镶嵌于室内墙面，有画龙点睛、烘云托月之效果	GBT4100—1999 （陶质砖）	内墙面
浮雕艺术砖 （花片）	200 × 300 200 × 250 200 × 200	印花装饰或浮雕人物、山水加彩描金，具有画龙点睛、烘托环境的效果	GBT4100.5—1999 （陶质砖）	内墙面

3. 陶瓷外墙砖常用的规格尺寸

外墙砖一般以长方形为主，也有正方形和其他几何形状制品。

外墙砖的规格（mm × mm × mm）通常有：200 × 100 × 12，150 × 75 × 12，75 × 75 × 8，108 × 108 × 8，150 × 30 × 8，200 × 50 × 8 等。

4. 釉面砖专用配件

编号	名　称	规　格　（mm）				
		长	宽	厚	圆弧	半径
P1	压顶条	152	38	6	—	9
P2	压顶阳角	—	38	6	22	9
P3	压顶阴角	—	38	6	22	9
P4	阳角条	152	—	6	22	—
P5	阴角条	152	—	6	22	—
P6	阳角条—端圆	152	—	6	22	12
P7	阴角条—端圆	152	—	6	22	12
P8	阳角座	50	—	6	22	—
P9	阴角座	50	—	6	22	—
P10	阳三角	—	—	6	22	—
P11	阴三角	—	—	6	22	—
P12	腰线砖	152	25	6	—	—

5. 陶瓷锦砖

陶瓷锦砖俗称（陶瓷）马赛克。经焙烧而成的锦砖是形态各异具有多种色彩、边长一般不大于 50mm，不便于施工、因此必须经过铺贴工序，把单块的锦砖按一定的规格尺寸和图案铺贴在牛皮纸上，每张约 30cm 见方，其面积约为 0.093m²，每 40 联为一箱，每箱约 3.7m²。以此作为成品运往施工工地进行铺贴。

四、选墙、地砖时质量判定

1. 内墙砖质量判定

（1）资料：产品合格证和性能检测报告应表明吸水率小于 21%，经抗釉裂试验后，釉面应无裂纹或剥落，厚度小于

7.5mm，破坏强度平均值不小于200N，当厚度大于或等于7.5mm时，破坏强度平均值不小于600N。釉面耐化学腐蚀性：由供需双方商定。

（2）观感

1）优等品：无明显色差，不允许有裂缝、夹层、釉裂等缺陷，距砖1m处观察目测，无可见缺陷。

2）一级品：色差不明显，无裂缝、夹层、釉裂等缺陷，距砖2m处观察目测，无可见缺陷。

3）合格品：色差不严重，无裂缝、夹层、釉裂等缺陷，距砖3m处观察目测，无明显缺陷。

（3）实测、实量允许偏差：见表3-26。

尺寸允许偏差　　　　　　　　　表3-26

项　　　目		优等品	一级品	合格品
平整度	中心弯曲度 不大于152mm 大于152mm（%）	+ 1.4 – 0.5 + 0.5	+ 1.8 – 0.8 + 0.7	+ 2.0 – 1.2 + 1.0
	挠曲度 不大于152mm 大于152mm（%）	0.8 – 0.4	1.3 – 0.6	1.5 – 0.8
边　直　度		+ 0.8　– 0.3	+ 1.0　– 0.5	+ 1.2　– 0.7
直角度（%）		± 0.5	± 0.7	± 0.9
白度（白色釉面砖（度））		> 73	> 73	> 73

2．地砖质量判定

（1）资料：产品合格证和性能检测报告应表明①吸水率（彩色釉面墙地砖吸水率为0.5%～10%，其中炻瓷质陶瓷砖0.5%＜吸水率≤3%。细炻质陶瓷砖3%＜吸水率≤6%。瓷质砖吸水率小于0.5%）；②耐磨性（无釉砖耐磨度，和砖的烧结程度与组成坯体的原料成分有关。有釉砖耐磨性共分五个耐磨等级由设计选定）；③耐化学腐蚀性（经试验不低于 GB 级）；④破坏强度（厚度≥7.5mm 时，破坏强度平均值不小于 1100N；厚度＜7.5mm 时，破坏强度平均值不小于 700N）。

（2）观感

1）优等品：距离砖面 1m 处目测有可见缺陷的砖数不超过 5%。色差距离砖面 3m 目测不明显。

2）一级品：距离砖面 2m 处目测有可见缺陷的砖数不超过 5%，色差距离砖面 3m 目测不明显。

3）合格品：距离砖面 3m 处目测缺陷不明显，色差不明显。

（3）实测实量的允许偏差：见内墙砖尺寸允许偏差。

3．外墙饰面砖

（1）资料：产品合格证和性能检测报告应表明其吸水率（依据不同地区选用不同标准）。力学性能同内墙砖。

（2）观感与允许偏差：级别判定与内墙砖同。

4．陶瓷锦砖

（1）资料：吸水率小于 0.2%，密度 2.3～2.4g/cm^3，抗压强度 15～25MPa。使用温度：－20～100℃，耐酸度大于 95%，耐碱度大于 84%，莫氏硬度 6～7°。

（2）观感（分优等品与合格品）

1）陶瓷锦砖与铺贴纸结合牢固度，不允许脱落。

2）脱纸时间：不得大于 40min。

3）陶瓷锦砖铺贴后的四周边缘与陶瓷锦砖贴纸四周边缘的距离不得小于 2mm。

4）色差：优等品色泽基本一致，合格品稍有色差。

5）夹层：不允许。

6）污点：最大直径：正面优等品 0.3～0.5mm，合格品 1.0mm。

7）起泡：最大直径：正面优等品 0.3～0.5mm，合格品 1.0mm。

8）缺角：优等品正面：宽度 1～1.5mm，深度 1.5mm。

9）缺边：优等品正面：长度 2~3mm，宽度 1.5mm。

10）变形：优等品不允许。

（3）尺寸允许偏差：单块：边长 ±0.5，厚度 ±0.2。

每联：线路：±0.5（优等品），±1.0（合格品）

联长：+2.5 -0.5 +3.5 -1.0

5.玻璃锦砖

（1）资料：应有热稳定性和化学稳定性测试指标，以及玻璃锦砖与铺贴纸之间粘合牢固度，测试无胶落。

（2）观感

1）变形：凹陷深度不大于 0.2，弯曲度不大于 0.5。

2）缺角：损伤长度 3~4mm 一处。

3）缺边：长度 3~4mm，宽度 1~2mm 一处。

4）疵点：裂纹、皱皮，不允许。

（3）允许尺寸公差（每联）：线路长 ±0.3mm，联长：±2mm。

五、墙地砖质量判定方法

（1）目测检验（观感即为目测）

依靠视力在规定距离内检查，如陶瓷锦砖的目测检查，检查者应距产品 0.5m，观查外观质量线距基本均匀一致，符合规格尺寸和公差要求，在目测的视域内不得有明显的外观缺陷。

色泽检查应距产品 1.5m，同一品种色泽应基本一致（其他墙、地砖的目测以通过观感讲述）。

（2）常用的量具，如金属直尺、洲标卡尺和塞规。

（3）从声音判定产品质量：

通过敲击所发出的不同声音来辨别产品有无生烧、裂纹和夹层，是工作人员长期实践中积累的经验。声音清晰者一般认为没缺陷，反之声音浑浊、暗哑往往是生烧。如声音粗糙、刺耳则是开裂或内部有夹层。

（4）吸水率的检测：吸水率大小是判断产品的烧结程度是否符合标准要求的依据吸水率愈小的陶瓷制品其物理性能越优良。

测定方法分真空法和煮沸法两种。

（5）耐急冷、急热性能的测定：称之为墙地砖的热稳定性，关系到制品承受温度剧烈变化是否破损。

（6）墙地砖机械强度质量：机械强度包括弯曲强度、抗冲击强度。用以判定产品在使用过程中对外力的抵抗能力。

（7）釉面砖的白度质量：采用比色法，以光电白度计进行测量，标准级为 80，白色釉面砖的白度应不低于 73 度。

（8）抗冻性能质量：在冰冻条件下使用的陶瓷外墙砖、地砖，该项指标是选砖的主要指标，依据规定需经 20 次冻融循环不出现裂纹和炸裂为合格。

（9）耐化学腐蚀性质量：该项性能用于鉴定釉面砖抗酸碱腐蚀的性能。常用的有两种方法：

1）用 HB 铅笔试验分级：用干布能擦掉铅笔划线的为 A 级，用湿布能擦掉铅笔划线的为 B 级，用湿布不能擦掉铅笔划线的为 C 级。

2）用目测法分级：经酸、碱处理后釉面无可见变化的为 A 级，釉面稍有变化的为 B 级，釉面有明显变化的为 C 级。

（10）釉面抗龟裂性能质量：该项只针对有釉面陶瓷砖。取至少 5 块整砖或切块，涂上色剂，目测试样有无裂纹，而后经 1h 蒸压（159±1℃）而后保持 1h 检查有无龟裂。

（11）陶瓷砖耐磨性质量：在耐磨机上测试。目前标准对耐磨性能未作要求，可根据具体工程决定是否对该项指标提出要求。

（12）锦砖脱纸时间性能：测定方法是将单联锦砖放平，使带有铺贴纸的一面朝上，然后用水浸透，放置 40min 后用手捏住铺贴纸的一角，将纸揭下，能揭下者即符合标准要求。

第八节　胶粘剂及其辅助材料

在初、中级镶贴工文本中已经介绍了 108 和乳液等一系列胶粘剂和界面剂，在此基础上展开对瓷砖、石材胶粘剂和界面剂的讲述。

一、水基型胶粘剂中有害物质限量值

水基型胶粘剂中有害物质限量值 表 3-27

项 目		指 标				
		缩甲醛类胶粘剂	聚乙酸乙烯酯胶粘剂	橡胶类胶粘剂	聚氨酯类胶粘剂	其他胶粘剂
游离甲醛（g/kg）	≤	1	1	1	—	1
苯（g/kg）	≤	0.2				
甲苯＋二甲苯（g/kg）	≤	10				
总挥发生有机物（g/L）	≤	50				

用于室内装饰装修材料的胶粘剂产品，必须在包装上标明本标准规定的有害物质名称及其含量。

二、瓷砖、石材类胶粘剂

使用瓷砖、地砖、马赛克、大理石等装饰材料对建筑物外墙、地板及卫生间、厨房的内墙等部位进行装修十分普遍。这类装修的基材多为混凝土、水泥砂浆、石膏板等，所使用的胶粘剂都称为瓷砖胶粘剂。对这类胶粘剂性能的基本要求是：要有适于在垂直墙壁作业的操作性能、不滴落、不淌以及具有足够的调整时间；有足够的强度、耐水性、耐久性，保证墙地砖粘结具有永久性，不脱落。

除上述瓷砖、石材类装饰材料外，无机轻型墙板、天花板，如石膏板、纤维水泥薄板、加气混凝土板、矿棉吸声板、泡沫塑料板等也可以用瓷砖胶粘剂粘接。大理石缺楼掉角宜用环氧树脂胶修补。

1. 瓷砖胶粘剂的分类与级别

按照我国建材行业标准《陶瓷墙地砖胶粘剂》（JC/T547—94）的规定，我国瓷砖胶粘剂按化学组成和物理形态分为 5 类：

A 类：由水泥等无机胶凝材料、矿物集料和有机外加剂等组成粉状产品。

B类：由聚合物分散液与墙料等组成的膏糊状产品。

C类：由聚合物分散液和水泥等无机胶凝材料、矿物条件等两部分组成的双色包装产品。

D类：由聚合物溶液和填料等组成的膏状糊产品。

E类：由反应性聚合物及其填料等组成的双包装或多包装产品。

按胶粘剂耐水性分为3个级别：

F级：较快具有耐水性的产品；

S级：较慢具有耐水性的产品；

N级：无耐水性要求的产品。

2. 瓷砖胶粘剂的技术要求

瓷砖胶粘剂技术要求应符合 JC/T547—94 标准的规定（表3-28）。

陶瓷墙地砖胶粘剂技术要求　　　　　　表 3-28

序号	项　　目		技　术　指　标		
			F 级	S 级	N 级
1	拉伸胶接强度达到 0.17MPa 的时间间隔（min）	晾置时间，不小于	10		
2		调整时间，大于	5		
3	收缩性① (%)	小于	0.50		
4	压剪胶接强度 MPa	厚强度，不小于	1.00		
		耐水，不小于	0.70		
				0.70	
		耐温，不小于	0.70		
		耐冻融，不小于	0.70		
				0.70	
5	防霉性② 等级		1		

注：1.B 类、D 类产品免测；

　　2.公测防霉型产品。

92

有关产品同时应该符合有关地方标准、规范的要求。如北京市标准《陶瓷砖外墙用复合胶粘剂应用技术规程》（DBJ01—37—98）、北京市标准《膏状建筑胶粘剂应用技术规程》（DBJ91—28—96）。

3.常用瓷砖胶粘剂品种

常用瓷砖胶粘剂品种 表 3-29

名　　称	说明和特性	用　　途
通用瓷砖胶粘剂	以水泥为基料，用聚合物改性的粉状产品，具有耐水性、耐久性良好、操作方便、价格低廉等特点	适用于在混凝土、砂浆墙面、地面、石膏板等表面粘贴瓷砖、锦砖、天然或人造大理石等
非滑落型瓷砖胶粘剂	以精选填料分散聚合物乳液中制成的膏糊状致密胶粘剂，具有高低温性能好，操作方便，施工效率高等特点	适用于各种内墙面上粘贴瓷砖，可在厨房、淋浴间使用，但不适用于泳池及长期处于潮状态场合
防水型瓷砖胶粘剂	双组分聚合物砂浆型瓷砖胶粘剂，使用时直接将两个组分调配为粘稠状。具有高强、耐水、耐腐蚀等优点	适用于室内、外、卫生间、便池等粘贴瓷砖、瓷片、锦砖
耐水型瓷砖胶粘剂	以耐水性强的聚合物乳液为基料与触变剂、防腐剂、防霉剂、增稠剂、交联剂及复合填料配制而成一种预混型单组分膏状瓷砖胶粘剂。具有胶层薄、粘着强、饰面不下滑，可调节时间长，强度高、施工方便、工效快、洁净、耐水、耐久性好等特点	适用于各种墙面、顶棚粘贴瓷砖、装饰板等装修材料
多彩瓷砖勾缝剂	具有多种多彩，是瓷砖胶粘剂的配套产品，勾缝不开裂、耐水性好、无毒、无味，使用时将勾缝剂加入适量水调至膏状，静停一定时间后即可用	用于各种墙地砖装饰饰面勾缝
环保型瓷砖胶（903胶）	以水基胶乳为粘料，加入填料及各种助剂配制而成可直接使用的胶粘剂。不含有机溶剂，具有初粘力强、粘贴材料广泛，使用方便，省力省工，可利用齿抹进行大面积批量贴砖（图3-9）	对各类基面（包括新、旧水泥面）都有良好的粘接性能

名　称	说明和特性	用　途
DXS瓷砖胶粘剂	由醋酸乙烯—丙烯酸酯共聚物为主要成分配制而成一种浅黄色乳状胶。将1～2份胶用2～3份水稀释，然后加入8～9份水泥搅拌均匀，涂于清理后的基面上厚1～3mm，即可粘贴瓷砖，0.5h后，用手剥离不脱离，具有高强、高韧、高弹性、耐蚀、耐水、耐寒、阻燃、无毒、无污染、初始粘度高的特点。胶接强度大于瓷砖强度，膜延伸率>800%	适用于瓷砖与水泥面、瓷砖与钢板、泡沫塑料与钢板、水泥与PVC地板、木材与水泥地面等的粘贴，也可用于旧水泥面与裂缝的修复

图3-9　环保型瓷砖胶（903胶）

三、建筑用界面处理剂

　　用于砂浆、混凝土、墙体材料、饰面砖板等建筑材料界面涂敷处理，以增强相互间粘接力的一种专用界面胶粘剂，称为界面处理剂。

（1）产品分类：按北京市标准《建筑用界面处理剂应用技术规程》（DBJ/T01—40—98）。

建筑用界面处理剂，按产品组分分为两类：

A类：双组分，用于砂浆混凝土等基层抹灰，新老混凝土连接，饰面砖板粘贴等（墙体材料有轻质和非轻质）涂敷处理。

B类：单组分型，用于砂浆混凝土、墙体材料（包括加气板、砌块等轻质材料）等基层的单面抹灰涂敷处理。

（2）技术性能指标：界面处理剂是一种聚合物混合乳液，界面处理剂技术性能应符合表3-30的规定（BJ/T01—40—98）。

建筑界面处理剂技术性能 表 3-30

序号	项 目			技 术 指 标	
				A 类	B 类
1	压剪胶接强度 MPa	原强度	≥	1.50	0.70
2		耐 水	≥	1.00	0.50
3		耐冻融	≥	1.00	0.50

在水泥砂浆抹灰、新老混凝土连接或粘贴饰面砖板的施工中，正确使用界面剂处理技术，可大大增强抹面砂浆、新老混凝土粘贴饰面砖板的结合力，避免空鼓、分层、粘接不牢等弊病。可提高工程质量，市场上广泛使用的品种有JD-601、JD-602等系列的水泥砂浆、混凝土、加气混凝土等界面处理剂。

（3）混凝土界面粘结剂JD-601：主体材料是以白乳胶和其他材料复合而成。施工时配比为水泥:砂:界面剂 = 1:1:1，搅拌成糊状。

四、砂浆中常用的外加剂

1.防冻剂（用于抹灰和贴面）

近年黑龙江省寒地建筑科学研究院生产的 SH-2 抹灰砂浆防冻剂为粉剂型，专门用于水泥砂浆、混合砂浆、麻刀灰、纸筋灰、内外墙抹灰、贴瓷砖的冬季施工，SH-2 型除了和易性好，抗冻能力强。还有以下特点：

（1）SH-2 型可掺入普通黏土砖、加气混凝土、混凝土表面抹灰的水泥砂浆、混合砂浆、石灰砂浆、麻刀灰、纸筋灰中，在 -5～-15℃条件下施工不受冻。

（2）SH-2 型适用于硅酸盐水泥、普通水泥、矿渣水泥、火山灰水泥、粉煤灰水泥或石灰配制的砂浆。配制砂浆时通过调整拌制水的温度而适应不同湿度条件下施工要求。

（3）SH-2 型掺入水泥砂浆，再掺胶粘剂，在冬季可用来贴面砖。

2. 防水剂

阳离子氯丁胶乳水泥砂浆是以高分子聚合物乳液和水泥胶结材料为基料配制的复合防水砂浆，也称为弹性水泥。抗弯、强度高、粘结力强、抗渗防水性能优异，耐冻融、干缩小，有一定弹性、耐酸碱。适用于潮湿基层施工，工艺简单，操作方便。

第四章 施工机具

第一节 抹灰机具

一、一般抹灰机械

1. 砂浆搅拌机

（1）作用：是将胶凝材料（水泥或石灰膏）与砂、水均匀地拌和成符合设计要求的灰浆。

搅拌方式：多为强制式，既在搅拌过程中拌筒固定不动而由旋转的条状拌叶对物料进行搅拌。

（2）按卸料方式的不同分为两种，即①拌筒倾翻、筒口倾斜出料方式的"倾翻卸料砂浆搅拌机"（见图4-1）和②拌筒不动，打开拌筒由底侧出料"活门卸料砂浆搅拌机"（图4-2）。

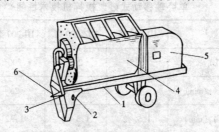

图 4-1 倾翻式卸料砂浆搅拌机

1—机架；2—固定销；3—销轴；4—拌料筒；
5—电动机与传动装置；6—卸料手柄

（3）按其搅拌方式分为卧轴式和立轴式。

（4）单卧轴移动式砂浆搅拌机技术性能（表4-1）。

（5）砂浆搅拌机故障排除方法（表4-2）。

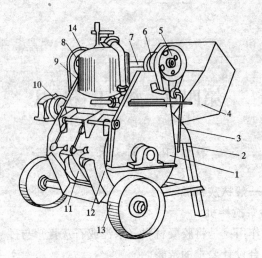

图 4-2　活门卸料砂浆搅拌机

1—拌筒；2—机架；3—料斗升降手柄；4—进料斗；
5—制动轮；6—卷扬筒；7—天轴；8—离合器；
9—配水箱；10—电动机；11—出料活门；
12—卸料手柄；13—行走轮；14—被动链轮

单卧轴移动式砂浆搅拌机技术性能　　表 4-1

性能参数	UJ-325 型	UJZ-200 型	HJ-200 型	UJZ-150 型
容量（L）	325	200	200	150
搅拌轴转速（r/min）	30	25~30	26	34
每次搅拌时间（min）	1.5~2	1.5~2	1~2	1.5~2
卸料方式	活门式	倾翻式	倾翻式	倾翻式
生产率（m³/h）	6	3	3	2
电动机功率（kW）	3	3	3	3
电动机转速（r/min）	1430	1430	1430	1500
整机自重（kg）	750	600	600	600

故障现象	原　　因	排　除　方　法
拌叶和筒壁摩擦碰撞	(1) 拌叶和筒壁间隙过小 (2) 螺栓松动	(1) 调整间隙 (2) 紧固螺栓
刮不净灰浆	拌叶与筒壁间隙过大	调整间隙
主轴转速不够或不转	三角皮带松弛	调整电机底座螺栓
传动不平稳	(1) 蜗轮蜗杆或齿轮啮合间隙不当 (2) 传动键松动 (3) 轴承磨损	(1) 修换或调整中心距、垂直度与平行度 (2) 修换键 (3) 更换轴承
拌筒两侧轴孔漏浆	(1) 密封盘根不紧 (2) 密封盘根失效	(1) 压紧盘根 (2) 更换轴承
主轴承过热或有杂音	(1) 渗入砂粒 (2) 发生干磨	(1) 拆卸清洗并加满新油(脂) (2) 补加润滑油(脂)
减速箱过热且有杂音	(1) 齿轮(或蜗轮)啮合不良 (2) 齿轮损坏 (3) 发生干磨	(1) 拆卸调整,必要时加垫或修换 (2) 修换 (3) 补加润滑油

(6) 使用方法

1) 机器安装的地方应平整夯实,安装应平稳牢固。

2) 行走轮要离开地面,机座应高出地面一定距离,便于出料。

3) 开机前,应检查电气设备绝缘和接地是否良好,皮带轮的齿轮必须有防护罩。

4) 开机前,应对各转动活动部位加注润滑剂,检查机器各部件是否正常。

5) 开机后,先空载动转,待机器动转正常,再边加料边加水进行搅拌,所用砂子必须过筛。

6) 加料时工具不能碰撞拌叶,更不能在转动时用工具伸进斗里扒浆。

7）工作后，必须用水将机器清洗干净。

灰浆搅拌机发生故障时，必须停机检修，不准带故障工作。

加料顺序应注意：掺有水泥的砂浆必须先将水泥与砂干拌均匀后，才可以加其他材料和水。掺有胶料的砂浆必须事先将胶料溶于水，再逐渐加入拌筒，继续搅拌到均匀为止。

2. 灰浆机

主要用于拌合麻刀灰、纸筋灰（图4-3）等。

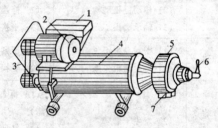

图4-3　纸筋灰搅拌机示意图

1—进料口；2—电动机；3—皮带；4—搅拌
筒；5—小钢磨；6—调节螺栓；7—出料口

麻刀灰拌合机主要用于拌合麻刀石灰或纸筋石灰。图4-4所示是麻刀灰拌合机结构示意。麻刀灰拌合机技术性能见表4-3。

麻刀灰拌合机技术性能　　　　　　　　　　　表4-3

性　能　参　数	ZMB10 型	UMB100 型	MH10 型	PHB100 型
生产率（t/h）	1.2	1.2	1.2	1
主轴转速（r/min）	500	750	400	440
电动机功率（kW）	3	3	3	2.2
电动机转速（r/min）	1450	1420	1450	1430
整机自重（kg）	250	250	250	240

3. 地坪抹光机

地坪抹光机也称地面收光机，是在水泥砂浆铺摊在地面上经

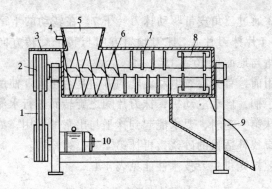

图 4-4　麻刀机搅拌机示意图

1—皮带；2—皮带轮；3—防护罩；4—水管；

5—进料斗；6—螺旋片；7—打灰板；

8—刮灰板；9—出料斗；10—电动机

过大面积刮平后，进行压平与抹光用的机械，图 4-5 所示为该机的外形图。它是由传动部分、抹刀及机架所组成的。使用时，由

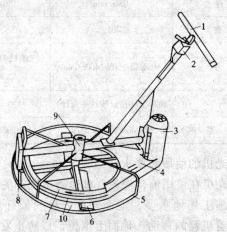

图 4-5　地坪抹光机示意图

1—操纵手柄；2—电气开关；3—电动机；4—防

护罩；5—保护圈；6—抹刀；7—抹刀转子；

8—配重；9—轴承架；10—三角皮带

电动机 3 通过三角皮带驱动抹刀转子 7，在转动的十字架底面上装有 2~4 片抹刀片 6，抹刀倾斜方向与转子旋转方向一致，抹刀的倾角与地面呈 10°~15°。

使用前，首先检查电动旋转的方向是否正确。使用时，先握住操纵手柄，启动电动机，抹刀片随之旋转而进行水泥地面抹光工作。抹第一遍时，要求能起到抹平与出浆的作用，如有低凹不平处，应找补适量的砂浆，再抹第二遍、第三遍。

地坪抹光机主要技术性能见表 4-4。

地坪抹光机主要技术性能   表 4-4

型 号	北京 69-I 型	HM-66
传动方式	三角皮带	三角皮带
抹刀片数	4	4
抹刀倾角	10°	0°~15°可调
抹刀转速	104r/min	50~100r/min
自 重	46kg	80kg
动 力	电动机 550W1400r/min	汽油机 HOO301 型 3 马力 3000r/min
生产率	100~300m²/h（按抹一遍计）	320~450m²/台班
外形尺寸（长×宽×高）	105cm×70cm×85cm	220cm×98cm×82cm

地坪抹光机的使用和要求：

（1）抹光机在使用前，应先仔细检查电气开关和导线的绝缘情况。因为施工场地水多，地面潮湿，导线最好用绳子悬挂起来，不要随着机器的移动在地面上拖拉，以防止发生漏电，造成触电事故。

（2）使用前，应对机械部分进行检查：抹刀以及工作装置是否安装牢固，螺栓、螺母等是否拧紧，传动件是否灵活有效，同时还应充分进行润滑。然后试运转，待转速达到正常时再放落到工作部位。在工作中发现零件有松动或有不正常的声响时,必须立即停机检查,以防发生机械损坏和伤人事故。

（3）机器长时间工作后,如发现电动机或传动部分过热,必须停机冷却后再工作;操作抹光机时,应穿胶鞋和戴绝缘手套,以防触电;每班工作结束后,要切断电源,并将抹光机放到干燥处,防止电动机受潮。

4.聚合物砂浆用喷枪、喷斗

喷涂聚合物砂浆的主要机具设备有:空气压缩机（0.6m³/min）、加压罐、灰浆泵、振动筛（5mm 筛孔）、喷枪、喷斗、胶管（25mm）、输气胶管等。喷枪的外形见图 4-6（a）。喷斗的外形见图 4-6（b）。

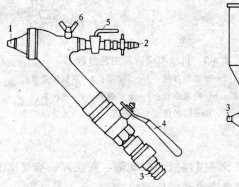

图 4-6（a）喷涂聚合
物砂浆用喷枪

1—喷嘴;2—压缩空气接头;
3—砂浆胶管接头;4—砂浆控
制阀;5—空气控制阀;6—顶丝

图 4-6（b）喷涂聚合
物砂浆用喷斗

1—砂浆斗;2—手柄;
3—喷嘴;4—压缩空气接头

二、喷涂抹灰机械

1.喷涂抹灰工艺

机械喷涂抹灰是把已搅拌好的砂浆,经过振动筛后倾入灰浆泵内,通过管道,利用空气压缩机输出的空气压力,使砂浆连续不断、均匀地喷涂到墙面、顶棚或地面上,再经过刮平、搓揉、压光，形成光平的抹灰面。其设备布置如图 4-7 所示。

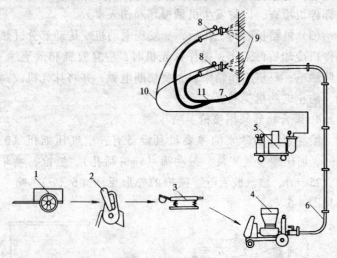

图 4-7　机械喷涂抹灰工艺过程

1—手推车；2—砂浆搅拌机；3—振动筛；4—灰浆输送泵；

5—空压机；6—输浆钢管；7—输浆胶管；8—喷枪头；

9—基层；10—输送压缩空气胶管；11—分叉管

2. 机械设备

喷涂设备应由砂浆搅拌机、振动筛、灰浆泵、空气压缩机或灰浆联合机，与输送管道和喷枪等组成。

（1）砂浆搅拌机：砂浆搅拌机宜选择强制式砂浆搅拌机，其容量不宜小于 $0.3m^3$。

（2）振动筛：振动筛宜选择平板振动筛或偏心杆式振动筛，两者亦可并列使用，其筛网孔径宜取 8mm。

（3）灰浆泵：灰浆泵按其结构形式分为柱塞式、隔膜式和挤压式等。

柱塞式灰浆泵又称直接作用式灰浆泵。它是由柱塞往复运动和吸入阀、排出阀的交替启闭将砂浆吸入或排出。柱塞泵的主要技术性能见表 4-5。

技 术 性 能	立式	卧 式		双 缸	
	HB6-3	HP-013	HK3.5-74	UB3	SP80
泵送排量（m³/h）	3	3	3.5	3	4.8
垂直泵送高度（m）	40	40	25	40	780
水平泵送距离（m）	150	150	150	150	400
工作压力（MPa）	1.5	1.5	2.0	0.5	5.0
电动机动率（kW）	4	7	5.5	4	15
电动机转速（r/min）	1440	1440	1450	1450	2930
进料胶管内径（mm）	64	64	62	64	62
排料胶管内径（mm）	51	51	50	51	50
泵重（kg）	220	260	293	250	337

柱塞泵主要技术性能　　　　　　　表 4-5

HP-013 型卧式柱塞泵外形结构示意见图 4-8。

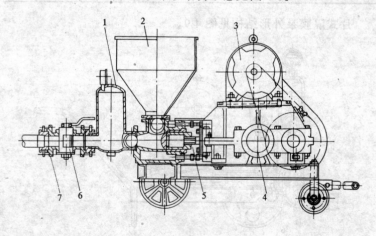

图 4-8　卧式柱塞泵

1—气罐；2—料斗；3—电动机；4—变速箱；5—泵体；

6—三通阀；7—输出口

隔膜式灰浆泵是间接作用灰浆泵。柱塞的往复活动通过隔膜的弹性变形，实现吸入阀和排出交替工作，将砂浆吸入泵室，通过隔膜压送出来。隔膜泵主要技术性能见表4-6。

隔膜泵主要技术性能　　　　　　　　表 4-6

技 术 性 能	圆柱形 C211A/C232	片式 HB8-3
泵送排量（m³/h）	3/6	3
泵送垂直高度（m）		40
泵送水平距离（m）		100
工作压力（MPa）	1.5	1.3/1.2
电动机功率（kW）	3.5/5.8	2.8
电动机转速（r/min）		1440
进料胶管内径	50/65	
排料胶管内径	50/65	
外形尺寸（mm×mm×mm）	2080×800×1300	1375×445×890
泵重（kg）		200

片式隔膜泵外形结构见图4-9。

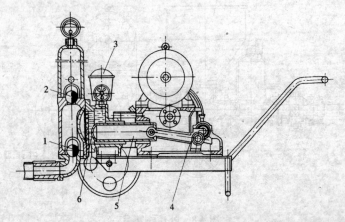

图 4-9　片式隔膜泵

1—吸入阀；2—排出阀；3—盛水漏斗；

4—曲轴连杆机构；5—活塞；6—水

挤压式灰浆泵无柱塞和阀门，是靠挤压滚轮往复挤压胶管，实现泵送砂浆。挤压泵的主要技术性能见表4-7。

挤压泵主要技术性能　　　　　　　　　　　　　表 4-7

技 术 性 能	UBJ0.8	UBJ1.2	UBJ1.8	UBJ2	SJ-1.8
泵送排量（m³/h）	0.8	1.2	1.8	2	1.8
垂直泵送高度（m）	25	25	30	20	30
水平泵送距离（m）	80	80	80	80	100
工作压力（MPa）	1.0	1.2	1.5	1.5	1.5
挤压胶管内径（mm）	32	32	38	38	38/50
输送胶管内径（mm）	25	25/32	25/32	32	
电动机功率（kW）	1.5	2.2	2.2	2.2	2.2
电源电压（V）	380	380	380	380	380
泵重（kg）	175	185	300	270	340

UBJ1.2型挤压泵外形结构见图4-10。

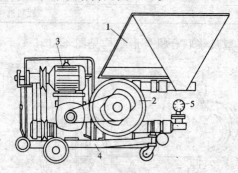

图 4-10　挤压泵外形结构
1—料斗；2—挤压鼓筒；3—电动机；
4—底盘；5—压力表

（4）空气压缩机：空气压缩机的容量宜为 300L/min，其工作压力宜选用 0.5MPa。

（5）灰浆联合机：双缸活塞式灰浆联合机是采用补偿凸轮双活塞泵，集合搅拌、泵送、空气压缩系统、输送管道构成、喷涂于一体。目前国内生产的有 UH 型灰浆联合机，其主要技术性能见表 4-8。

项　　　目	性 能 参 数
最大排量	4.5m³/h
最大工作压力	6MPa
垂直泵送高度	80m
水平泵送距离	300～400m
搅拌器额定进料容量	170L
搅拌器额定出料容量	120L
空压机公称排气压力	0.5MPa
空压机排量	300L/min
电动机型号	Y 160M 1-2
电动机功率	11kW
外形尺寸（不包括牵引调节杆）	2255mm × 1620mm × 1580mm
整机质量	1100kg
生产厂	胜利机械厂

UH4.5 型灰浆联合机外形结构见图 4-11。

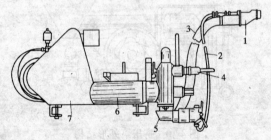

图 4-11　灰浆联合机外形结构

1—喷枪；2—压缩空气胶管；3—输浆管；

4—间浆管；5—吸浆口；6—工作缸；7—凸轮室

（6）输送管道构成：输送管道构成应由输浆管、输气管和自锁快速接头等组成。

输浆管的管径应取 50mm，其工作压力应取 4～6MPa。水平输浆管宜选用耐压耐磨橡胶管；垂直输浆管可选用耐压耐磨橡胶管或钢管。

输气管的管径应取 13mm，可选用软橡胶管。

（7）喷枪：喷枪应根据工作的部位、材料和装饰要求选择喷枪形式及相匹配的喷嘴类型与口径。对内外墙、顶棚面、砂浆垫层、地面面层喷涂应选择口径 18mm 或 20mm 的标准与角度喷枪；对装饰性喷涂，则应选择口径 10mm、12mm 或 14mm 的装饰喷枪。

柱塞泵用的喷枪见图 4-12。

挤压泵用的喷枪见图 4-13。

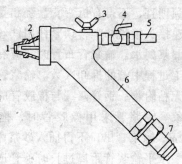

图 4-12　柱塞泵用喷枪

1—喷嘴；2—喷气口；3—气管顶丝；
4—气阀；5—气管接头；6—灰浆管；
7—灰浆管接头

3. 设备布置

设备的布置应根据施工总平面图合理确定，应缩短原材料和砂浆的输送距离，减少设备的移动次数。

砂浆搅拌与平板振动筛的安装应牢固，操作应方便，上料与出料应通畅。

安装灰浆泵的场地应坚实平整，并宜置于水泥地面上。车辆应楔牢，安放应平稳。

灰浆泵或灰浆联合机应安装在砂浆搅拌机和振动筛的下部，其进料口应置于砂浆搅拌机卸料口下方，互相衔接。卸料高度宜为 350 ~ 400mm。

输浆管的布置与安装应

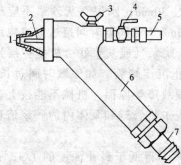

图 4-13　挤压泵用喷枪

1—喷嘴；2—喷气口；3—气管顶丝；
4—气阀；5—气管接头；6—灰浆管；
7—灰浆管接头

平顺理直，不得有折弯、盘绕和受压。输浆管的连接应采用自锁快速接头锁紧扣牢，锁紧杆用铁丝绑紧。管的连接处应密封，不得漏浆漏水。输浆管布置时，应有利于平行交叉流水作业，减少施工过程中管的拆卸次数。输浆管采用钢管时，其内壁要保持清洁无粘附物；钢管两端与橡胶管应连接牢固，密封可靠，无漏浆现象。输浆管采用橡胶管时，拖动管道的弯曲半径不得小于1.2m。输浆管出口不得插入砂浆内。

水平输浆管距离过长时，管道铺设宜有一定的上仰坡度。垂直输浆管必须牢固地固定在墙面或脚手架上。水平输浆管与垂直输浆管之间的连接应不小于90°，弯曲半径不得小于1.2m。

4. 泵送应注意事项

泵送前应进行空负荷试运转，其运转时间应为5min，并应检查电动旋转方向，各工作系统与安全装置，其运转应正常可靠，正常后才能进行泵送作业。

泵送时，应先压入清水湿润，再压入适宜稠度的线性净石灰膏或水泥浆进行润滑管道，压到工作面后，即可输送砂浆。石灰膏应注意回收利用，避免喷溅地面、墙面。

泵送砂浆应连续进行，避免中间停歇时。当需停歇时，每次间歇时间：石灰砂浆不宜超过30min；水泥石灰砂浆不应超过20min；水泥砂浆不应超过10min。若间歇时间超过上述规定时，应每隔4~5min开动一次灰浆泵（或灰浆联合机搅拌器），使砂浆处于正常调合状态，防止沉淀堵管。如停歇时间过长，应进行清洗管道。因停电、机械故障等原因，机械不能按上述停歇时间内启动时，应及时用人工将管道和泵体内的砂浆清理干净。

泵送砂浆时，料斗内的砂浆不得低于料斗深度的1/3，否则，应停止泵送，以防止空气进入泵送系统内造成气阻。

泵送结束，应及时清洗灰浆泵（或灰浆联合机）、输浆管道和喷枪。输浆管道可压入清水→海绵球→清水→海绵球的顺序清洗；也可压入少量石灰膏，塞入海绵球，再压入清水冲洗管道。

喷枪清洗可用压缩空气吹洗喷头内的残余砂浆。

当建筑物高度超过60m，泵送压力达不到要求时，应再设置接力泵，进行接力泵送。

泵送过程中，如灰浆泵或灰浆联合机发生故障，可参照表4-9至表4-11所列排除方法及时进行故障排除。

柱塞泵常见故障及排除方法　　　　　　　　　　表4-9

故　障	原　　因	排　除　方　法
输送管道堵塞	1. 砂浆过稠或搅拌不均匀 2. 灰浆中夹有干砂块、木头、铁丝、石头等杂物 3. 泵体或输送管路渗漏 4. 输送胶管有死弯	判断堵塞位置，用木锤敲击振动使其通顺。如无效，须在堵塞位置拆开，将堵塞物排除，然后开机泵通，再把管路接通即可继续泵送
缸体、球阀堵塞	1. 料斗的灰浆有大石块等杂物 2. 灰浆搅拌不匀 3. 泵体接合处密封失效漏浆	拆开泵体堵塞部位，排除堵塞物，用清水冲洗干净，重新安装密封好，如密封失效，应更换密封
泵缸与柱塞接触间隙漏水	1. 密封没压紧或磨损 2. 柱塞磨损	1. 压紧密封或更换 2. 更换柱塞
泵缸发热	密封压得过紧	适当放松密封压盖，以泵缸不漏浆为准
泵的排量减少或不出灰浆	1. 输送管道或球阀堵塞 2. 吸入球阀或排出球阀关不严	1. 适当放松密封压盖，以泵缸不漏浆为准 2. 清洗球阀，排除异物或更换新球阀
压力表针剧烈跳动或不动	1. 排出球阀发生堵塞或磨损 2. 压力表接头漏气	1. 卸压，清洗或更换排出球阀 2. 将压力表接头密封好
压力表压力突然下降	输送管道破裂或管接头脱落	立即停机修理，更换新管或管接头

挤压式灰浆泵常见故障及排除方法 表 4-10

故 障	原 因	排 除 方 法
压力表指针不动	1. 挤压滚轮与鼓筒壁间隙大 2. 料斗灰浆缺少，泵吸进空气 3. 料斗吸料管密封不好，挤压泵吸进空气 4. 压力表堵塞或隔膜破裂	1. 缩小其间隙量为 2 倍挤压胶管的壁厚 2. 泵反转排出空气，加灰浆 3. 将料斗吸料管重新夹紧，泵反转排净空气 4. 排除异物或更新隔膜
压力表压力值突然上升	喷枪的喷嘴被异物堵塞，或管路堵塞	泵反转。卸压停泵，检查堵塞部位，排除异物
泵机不转	电器故障或电机损坏	及时排除；如超过 1h，应拆卸管道，排除灰浆，并用水清洗干净泵机
压力表的压力下降或出灰量减少	挤压胶管破裂	更换新挤压胶管

灰浆联合机的常见故障及排除方法 表 4-11

故 障	发 生 原 因	排 除 方 法
泵吸不上砂浆或出浆不足	1. 吸浆管道密封失效 2. 阀球变形、撕裂及严重磨损 3. 阀室内有砂浆凝块阀座与阀球密封不良 4. 离合器打滑 5. 料斗料用完	拆检吸浆管，更换密封件 打开回流卸载阀，卸下泵头，更换阀球 拆下泵头，清洗阀室，调整阀座与阀球间的密封 调整离合器磨擦片的间隙，磨擦片过度磨损咬伤，及时更换 打开回流卸载阀，加满料后，关闭回流卸载阀，泵送
泵体有异常撞击声	弹簧断裂或活塞脱落	打开回流卸载阀，卸压后，拆下泵头，检查弹簧和活塞，损坏更换
活塞漏浆	缸筒或密封皮碗损坏	打开回流卸载阀卸压，拆下泵头，检查缸筒和密封皮碗，损坏更换

故　　障	发　生　原　因	排　除　方　法
搅拌轴转速下降或停止转动	1. 搅拌叶片，被异物卡住，砂浆过稠，量过多 2. 传动皮带打滑、松弛	砂浆应作过筛处理。砂浆稠度适当，加入料量不超载 调节收紧皮带，不松弛
振动筛不振	振动杆头与筛侧壁振动手柄位置不适当	调整振动手柄位置
灰浆输浆管堵塞	1. 砂浆稠度不合适或砂浆搅拌不匀 2. 泵机停歇时间长 3. 输浆管内有残留砂浆凝结物块 4. 没有用石灰膏润滑管道	砂浆按级配比要求。稠度合适，搅拌均匀。必要时可加入适量的添加剂 泵机停歇时间应符合规定 打开回流卸载阀，吸回管内砂浆，清洗管道 泵浆前，必须先加入石灰膏浆润滑管道
压力表突然上升或下降	1. 表压上升，输浆管道堵塞 2. 表压下降 1) 离合器打滑 2) 输浆管连接松脱，密封失效，泄漏严重或胶管损坏	停机，打开回流卸载阀，按输浆管塞的排除方法处理 检查磨擦片磨损情况 检查输浆管道密封圈，拧紧松脱管接，损坏更换
喷枪无气	1. 气管、气嘴管堵塞 2. 泵送超载安全阀打开	清理疏通 气管距离超过 40m 长，双气阀压力提高 0.03～0.05MPa 超载安全阀打开，按输浆管堵塞排除方法处理
气嘴喷气，喷枪突然停止喷浆	料斗料用完	按泵吸不上砂浆或出浆不足中第5点方法处理
喷枪喷浆断断续续不稳定	泵体阀门球或阀座磨损	拆下泵头，检查阀座和阀门球磨损情况，损坏更换

第二节　机具安全技术

一、机械喷涂抹灰安全技术

喷涂抹灰前，应检查输送管道是否固定牢固，以防管道滑脱伤人。

从事机械喷涂抹灰作业的施工人员，必须经过体检，并进行安全培训，合格后方可上岗操作。

喷枪手必须穿好工作服、胶皮鞋，戴好安全帽、手套和安全防护镜等劳保用品。

供料与喷涂人员之间的联络信号，应清晰易辨，准确无误。

喷涂作业前，严禁将喷枪口对人，当喷涂管道堵塞时，应先停机释放压力，避开人群进行拆卸排除，未卸压前严禁敲预制板晃动管道。

喷枪的试喷与检查喷嘴是否堵塞，应避免枪口突发喷射伤人。在喷涂过程中，应有专人配合，协助喷枪手拖管，以防移管时失控伤人。

输浆过程中，应随时检查输浆管连接处是否松动，以免管接头脱落，喷浆伤人。

清洗输浆管时，应先卸压，后进行清洗。

二、脚手架使用安全技术

抹灰、饰面等用的外脚手架，其宽度不得小于 0.8m，立杆间距不得大于 2m；大横杆间距不得大于 1.8m。脚手架允许荷载，每平方米不得超过 270kg。脚手板需满铺，离墙面不得大于 200mm，不得有空隙和探头板。脚手架拐弯处脚手板应交叉搭接。垫平脚手板应用木块，并且要钉牢，不得用砖垫。脚手架的外侧，应绑 1m 高的防护栏杆和钉 180mm 高的挡脚板或防护立网。在门窗洞口搭设挑架（外伸脚手架），斜杆与墙面一般不大于 30°，并应支承在建筑物牢固部位，不得支承在窗台板、窗楣、腰线等处。墙内大横杆两端均必须伸过门窗洞两侧不少于 25m。

挑架所有受力点都要绑双扣，同时要绑防护栏杆。

抹灰、饰面等用的里脚手架，其宽度不得小于 1.2m。木凳、金属支架应搭设平稳牢固，横杆间距（脚手板跨度）不得大于 2m。脚手板面离上层顶棚底应不小于 2m。架上堆放材料不得过于集中，在同一脚手板跨度内不应超过两人。

顶棚抹灰应搭设满堂脚手架，脚手板应满铺。脚手板之间的空隙宽度不得大于 50mm。脚手板距顶棚底不小于 2m。

不准在门窗、暖气片、洗面池等器物上搭设脚手架。阳台部位抹灰时，外侧必须挂设安全网。严禁踩踏脚手架的护身栏杆和在阳台栏板上进行操作。

如建筑物施工已有砌筑用外脚手架或里脚手架，饰面工程施工时就可以利用这些脚手架，待抹灰、饰面工程完成后才拆除脚手架。

三、砂浆搅拌机安全技术

砂浆搅拌机启动前，应检查搅拌机的传动系统、工作装置、防护设施等均应牢固、操作灵活。启动后，先经空运转，检查搅拌叶旋转方向正确，方可加料加水进行搅拌。

砂浆搅拌机的搅拌叶运转中，不得用手或木棒等伸进搅拌筒内或在筒口清理砂浆。

搅拌中，如发生故障不能继续运转时，应立即切断电源。将筒内砂浆倒出，进行检修排除故障。

砂浆搅拌机使用完毕，应做好搅拌机内外的清洗、保养及场地的清理工作。

四、灰浆输送泵安全技术

输送管道应有牢固的支撑，尽量减少弯管，各接头连接牢固，管道上不得加压或悬挂重物。

灰浆输送泵使用前，应进行空运转，检查旋转方向正确，传动部分、工作装置及料斗滤网齐全可靠，方可进行作业。加料前，应先用泵将浓石灰浆或石灰膏送入管道进行润滑。

启动后，待运转正常才能向泵内放砂浆。灰浆泵需连续运转，在短时间内不用砂浆时，可打开回浆阀使砂浆在泵体内循环运行，如停机时间较长，应每隔 3~5min 泵送一次，使砂浆在管道和泵体内流动，以防凝结而阻塞。

工作中应经常注意压力表指示，如超过规定压力应立即查明原因排除故障。

应注意检查球阀、阀座或挤压管的磨损，如发现漏浆应停机检查修复，更换后，方可继续作业。

故障停机时，应打开泄浆阀使压力下降，然后排除故障。灰浆输送泵压力未降至零时，不得拆卸空气室、压力安全阀和管道。

作业后，应对输送泵进行全面清洗和做好场地清理工作。

灰浆联合机和喷枪必须由专人操作、管理和保养。工作前应做好安全检查。喷涂前应检查超载安全装置，喷涂时应随时观察压力表升降变化，以防超载危及安全。设备运转时不得检修。设备检修清理时，应拉闸断电，并挂牌示意或设专人看护。非检修人员不得拆卸安全装置。

五、空气压缩机安全技术

固定式空气压缩机必须安装平稳牢固。移动式空气压缩机放置后，应保护水平，轮胎应楔紧。

空气压缩机作业环境应保持清洁和干燥。贮气罐需放在通风良好处，半径 15m 以内不得进行焊接或热加工作业。

贮气罐和输气管每三年应做水压试验一次，试验压力为额定工作压力的 150%。压力表和安全阀每年至少应校验一次。

移动式空气压缩机施运前应检查行走装置的紧固、润滑等情况。拖行速度不超过 20km/h。

空气压缩机曲轴箱内的润滑油量应在标尺规围内，加添润滑油的品种、标号必须符合规定。各联结部位应紧固，各运动部位及各部阀门开闭应灵活，并处于启动前的位置。冷却水必须用清洁的软水，并保持畅通。

启动空气压缩机必须在无载荷状态下进行，等运转正常后，再逐步进入载荷运转。

开启送气阀前，应将输气管道联接好，输气管道应保持畅通，不得扭曲。并通知有关人员后，方可送气。在出气口前不准有人工作或站立。

空气压缩机运转正常后，各种仪表指示值应符合原厂说明书的要求；贮气罐内最大压力不得超过安全规定，安全阀应灵敏有效；进气阀、排气阀、轴承及各部件应无异响或过热现象。

每工作 2h 需将油水分离器、中间冷却器、后冷却器内的油水排放一次。贮气罐内的油水每班必须排放一至二次。

发现下列情况之一时，应立即停机检查，找出原因，待故障排除后方可作业：

(1) 漏水、漏气、漏电或冷却水突然中断。

(2) 压力表、温度表、电流表的指示值超过规定。

(3) 排气压力突然升高，排气阀、安全阀失效。

(4) 机械有异响或电动机电刷发生强烈火花。

空气压缩机运转中，如因缺水致气缸过热而停机时，不得立即添加冷水，必须待气缸体自然降温至 60℃以下方可加水。

电动空气压缩机运转中如遇停电，应立即切断电源，待来电后重新启动。

停机时，应先卸去载荷，然后分离主离合器，再停止电动机的运转。

停机后，关闭冷却水阀门，打开放气阀，放出各级冷却器和贮气罐内的油水和存气。当气温低于 5℃时，应将各部存水放尽，方可离去。

不得用汽油或煤油清洗空气压缩机的滤清器及气缸和管道的零件，或用燃烧方法清除管道的油污。

使用压缩空气吹洗零件时，严禁将风口对准人体或其他设备。

六、水磨石机安全技术

水磨石机使用前，应仔细检查电器、开关和导线的绝缘情况，选用粗细合适的熔断丝，导线最好用绳挂起来，不要随着机械的移动在地面上拖拉。还需对机械部分进行检查。磨石等工作装置必须安装牢固；螺栓、螺帽等联结件必须紧固；传动件应灵活有效而不松旷。磨石最好在夹爪和磨石之间垫以木楔，不要直接硬卡，以免在运转中发生松动。

水磨石机使用时，应对机械进行充分润滑，先进行试运转，待转速达到正常时再放落工作部分；工作中如发生零件松脱或出现不正常音响时，应立即停机进行检查；工作部分不能松旷，否则易打坏机械或伤人。

长时间工作，电动机或传动部分过热时，必须停机冷却。

每班工作结束后，应切断电源，将机械擦拭干净，停放在干燥处，以免电动机或电器受潮。

操作水磨石机，应穿胶鞋和戴绝缘手套。

第三节　机具管理

一、目的

使机具设备管理系列化、规范化、标准化，充分发挥机具在建筑装饰施工过程中的作用，提高机具的保养维护，保证机具的完好率、利用率，以最经济的寿命周期获得最佳的经济效益。

二、管理的原则

建立台账，实行单机考核，贯彻采购、使用、保养、维修责任制，使用维修和计划维修相结合，专业管理和群众管理相结合，集中和分散管理相结合。

三、设专职管理人员

(1) 全面负责机具设备的保养、维护和发放管理。

(2) 负责贯彻和执行各项管理制度，做到正确使用、精心维护，实现安全经济运行。

(3) 负责监督和指导正确使用机具与定期维修保养以及采购的验收、报废的鉴定。

（4）新购机具建立明细账、技术使用卡。

（5）负责机具的安全管理，安全防护不全的机具不得发放使用。

四、使用人员职责

（1）领用机具应试运转验收并登记。

（2）必须正常合理使用和维护，凡因使用不合理造成损坏或事故都要严肃追究责任。

（3）操作人员必须认真执行操作规程、安全规定和机具管理制度。违反规定者视情节轻重给予一定的经济处罚。

五、应有规范的维修制度

（1）坚持到期必须返回维修。

（2）维修必须保证机具的完好才可向外发放，建立和执行保养维修、验收制度，凡因维修质量造成机具或配件损坏必须追究维修保养人员的责任。

第五章 施 工 工 艺

第一节 研究工艺，运用科技的
成就显示其工艺

施工工法是由工艺技术和管理方法所构成的综合配套的先进施工方法。

建设部颁发的"建筑施工企业工法管理办法"（以下简称"管理办法"）对于在建设系统推广和应用工法，加快和促进工法工作向高水平、深层次发展，起到了积极的推动作用。与早期的工艺卡相比，更为规范，更为先进。

一、工法的定义

工法是以工程为对象，工艺为核心，运用系统工程的原理，把先进的技术和科学的管理相结合，经过工程实践而形成的综合配套的施工方法。

（1）工法的主要服务对象是工程与施工。工法是从施工实践中总结出来的、先进适用的施工方法，又要回到施工实践中去应用。工法只能产生于施工实践之后，是对先进施工技术的总结与提高。

（2）工艺是工法的核心，是核心部分的关键技术与原理。工法的其他内容都是为了保证核心工艺的必要手段。工法根据关键技术的先进程度而分为国家级（一级）、省（部）级（二级）和企业级（三级）等三个等级。

（3）工法是系统工程的原理和方法对施工规律的认识与总结，因而具有较强的系统性、科学性和实用性。

（4）工法不仅应该含有工艺原理、工艺流程及操作要点等技术内容，且应含有劳动组织、安全措施、质量要求等管理上的内容，以综合反映技术与管理的结合。

二、建立工法制度的目的

（1）是施工经验和宝贵技术财富的积累，提高整体技术素质和管理水平。

（2）通过引用社会上公开发表的工法，特别是前人总结出来的先进的技术和管理方法在本企业相应的工程项目上加以实施，使之形成科技成果，并迅速转化为生产力。

（3）通过工法的广泛应用，特别是高级工法的广泛应用，提高建筑业的技术含量，避免了建筑技术低层次的重复开发，促进新材料、新工艺、新技术、新机具的推广，结合工法的应用与开发，有利于进一步扩展科技推广工作的广度和深度。

三、工法的主要内容

建设部颁发的"建筑施工企业工法管理办法"对工法的主要内容进行了严格的规范。在编写工法时，工法的主要内容应该按照以下顺序逐项叙述。

（1）前言：概述本工法的形成过程和关键技术的鉴定及获奖情况等内容，包括工法的研究开发单位。开发与鉴定时间，主持鉴定单位，获奖等级等内容。关键技术的鉴定及获奖情况如果没有，可以不写。但工法的形成过程必须在前言中作出说明。

（2）特点：说明工法在使用功能或施工方法上的特点。注意不要写成技术在使用功能和施工方法上的特点，工法含有技术与管理，技术仅是工法中的一部分。

（3）适用范围：说明最宜采用本工法的工程对象或工程部位。有的工法还要规定最佳技术条件和经济条件。工法是一个综合配套的系统工程，因而在这一节中也不要仅仅强调本技术的适用范围。

（4）工艺原理：说明本工法工艺核心部分的原理及其理论依据，核心是涉及技术秘密方面的内容，在编写时应回避，但在申报时要将机密作为附件同时报出。

（5）工艺流程及操作要点：工艺流程不但要说明基本的工艺

流程，而且还要说清程序间的衔接及其关键所在。工艺流程最好采用流程图描述，通俗易懂。对由于构造、材料或使用上的差异而引起的流程上的变化，也应有所交代。

工艺流程及操作要点是工法的重点和核心内容，要按照工艺流程的顺序或者事物发展的规律加以说明。

（6）材料：说明所使用的主要材料规格、主要技术指标及其质量要求等，要列出材料的规格、主要技术指标及质量要求。还要提供相应的检验与验收方法记录及部分材料的复验、复试记录。

（7）机具设备：说明实施本工法所必须的主要施工机械、设备、工具、仪器的型号、性能以及合理的配制数量，电力设备应标出电源、电压与电动机功率。合理的配制数量以一个最佳的劳动组合作为计算单位。

（8）劳动组织及安全：说明本工法所需工种的构成、人员数量和技术要求，以及应注意的安全事项和采取的具体措施、工种构成、人员数量以一个最佳劳动组织作为计算单位，应说明各工种的技术等级，对于特殊工种应持证上岗的情况也应加以说明，以上内容通常采用列表方式。

（9）质量要求：说明本工法必须遵照执行的国家及有关部门、地区颁发的标准和规范名称。

（10）效益分析：对于采用本工法的工程质量、工期、成本等指标的实际效果，进行综合分析，说明采用本工法所能获得的经济效益、社会效益。

（11）应用实例：说明应用本工法的工程名称、地点、开竣工日期、实物工程量和应用效果。可以采用表格的形式。

第二节　测量放线与放大样、翻样板工艺

一、测量放线

1. 概述

建筑工程施工测量是施工工艺的前导工序，基本任务是根据

施工的需要把设计图纸上的建筑物按照设计要求测设到相应的地面上或墙面上，为施工提供各种依据，作为按图施工的依据使精心设计的建筑物通过精心施工付诸实现。

施工测量的主要工作是测设建筑物的平面位置和高程（俗称放线和抄平）。具体方法和工程规模性、施工方法及现场条件等有密切关系，测量人员要深入施工现场根据实际情况与施工人员共同商定测量方法。

2. 建筑装饰施工控制测量

建筑物的定位和放线工作一般都按施工顺序分批进行。在建筑装饰装修开始之前结构的水准线和轴线应该到位。框架结构或框架剪力墙结构在混凝土墙柱基面上都应该有相应的轴线和相对标高 +500mm 或 1000mm 的水准线。建筑装饰开始之前首先应该验线。

（1）验水准线

1）用规划局提供的原始高程点核对建筑物下沉数据。

2）如发现误差，应分析原因。

3）确认是下沉误差时，应该确认是否在允许范围内，是否均衡下沉。

4）经设计、监理研究修正建筑物的绝对标高。

5）全面校核建筑物的相对标高检查无误之后选定控制点贴不干胶带保留，以便日后复查。其他水准点按校核之后的标高线做修正标记。

6）校核后的检验方法：从最高楼层返回到原始起点数字闭合，墙或柱一律应有水准墨线。

（2）验室内轴线

1）在已完成的框架柱的四面都应有轴线标记，其目的是保证建筑物的整体性符合设计图纸。

2）应拉钢尺验证相互之间轴线尺寸无误。

3）通过楼板上预留的孔洞或楼梯间等竖向孔洞，校核轴线在楼层之间是否重合。如发现误差应通过项目领导修正。

（3）检验室外轴线

1）是外墙装饰、室内外重合和上下重合的依据。

2）应使用经纬仪或竖向激光仪检测。

（4）控制网

通过水准线校正、室内外轴线的校正，为了使用方便，统一在轴线上方标注轴线号，因而形成建筑装饰施工阶段的控制网。

3．水准测量的原理

水准测量主要是利用水准仪提供的水平视线直接测定地面上各点之间的高差，然后根据其中一点的已知高程推算其他各点的高程。如图 5-1 在一个庭院内已知 A 点高程为 H_A，如能求得 B 点的高程 H_B 就可以求出：

为了求出高差 H_{AB} 先在 A、B 两点间安置水准仪，在 A、B 两点分别立水准尺，然后利用水平视线读出 A 点水准尺上的读数 a 和 B 点水准尺上的读数 b。则：

B 点对 A 点的高差：$H_{AB} = a - b$（图 5-1）

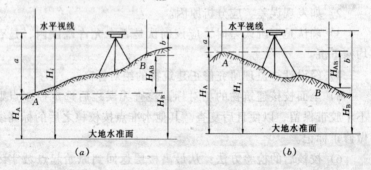

(a) (b)

图 5-1　水准测量图

欲求点 B 的高程：$H_B = H_A + H_{AB}$

式中　a——已知高程点（始点）上的水准读数，叫后视读数。

　　　　b——欲求高程点（终点）上的水准读数，叫前视读数，

　　　　　　　"＋"号表示代数和。

视线水平时在水准尺上的读数叫水准读数。

二、放大样、翻样板

放大样和翻样板都是为了深化设计，满足工艺要求，细化主要部位的构造设计、解决构造与构造的连接，为装饰装修工程消化施工图与建筑物实际之间的尺寸误差，是外加工和现场操作的依据。

1. 作用

（1）完善设计：施工图多以部位、构件为单位，如结构工程的现浇构件图，只有构件尺寸、形状、钢筋规格、尺寸、混凝土强度等无法施工，需要通过翻样，配制模板图、埋件图、配钢筋图。再如木屋架只有放出实样才能配制上弦、下弦和斜杆杆件的角度和尺寸。建筑装饰设计图更需要翻样图满足其构件尺寸和节点大样，如干挂石材，需要绘制排版图，预埋件或者后埋置件位置图，挂件大样图或挂件加工图，节点图，等等。

（2）放大样、翻样板是加工定货的依据：由于它的直观性最强，尺寸标注最全，而且消化了设计图与建筑物实体之间误差，所以实用性最强，最宜与加工厂家沟通。例如在建筑装饰装修工程中提出木刻花腰线、顶线，在厅堂内四周墙面及转角部位花纹要交圈，如果用建筑图是绝对办不到，因为有手工抹灰的厚度，油工刮腻子的厚度，只有翻样人员在现场实测实量之后绘制的加工图能够实现。

（3）它是工艺操作的依据：由于翻样图是最完整的构造图，所以是工艺操作最好的依据，如同构配件安装图，指明工艺顺序，操作方法，如木墙裙，分解为埋件位置图、龙骨规格尺寸、间隔、防潮、防火处理、垫板规格、品种、面板品种规格、分格条、压条以及通风换气孔等等，完整的标注在翻样图上，一目了然。

2. 绘图方法

（1）准备工作

①熟悉设计图：前面已经讲过放大样和翻样板都是为了深化设计，满足工艺要求，细化主要部位的构造等等，都必须是在原

设计图的基础上，绝不允许翻样人员私自修改设计。如果发现设计图有未确定的问题，或者是构造不合理，操作难度大等问题必须修改原设计图，应执行修改程序，办理修改文件（洽商文件），取得设计人员和工程业主同意之后方可修改。

熟悉设计图不仅要熟悉准备绘图部位的分项工程，而且要熟悉与之相衔接、相对应部位和分项工程的设计图，如电梯间地面翻样图，要考虑与之相交接地面的平整度，衔接部位要考虑与电梯门槛的平整度，另外还有与电梯门套，电梯间墙面石材的衔接以及与吊顶造型的对应拼图案组合等等问题。

②施工现场相应部位的实测实量：现场施工的每项产品都有允许误差，实际尺寸往往与设计图不符，而且施工是多工种在一个空间内协调生产，往往造成空间尺寸之间的矛盾，如石材或瓷砖墙面的高度往往与吊顶的实际高度之间发生问题，而吊顶又是由于设备管线重叠高度被迫不得不修改高度。所以翻样人员多到现场看看和亲自动手量量实际尺寸，绘制的翻样图尺寸更准确，与相邻分项工程的衔接也就更合理。

③掌握材料性能：装饰材料上万种，特别是我们镶贴工种中的瓷砖和天然石材几百种品牌，上千种材料，都有各自不同的物理性能，不同的艺术风格和艺术展示特性以及不同部位的适用性和适用范围，翻样人员对材料的知识面广，选择范围就大，选用的材料也就适应性更强，装饰效果也会美观大方。

（2）绘图

1）造型准确无误，完全符合设计图纸。

2）构造不仅合理而且简单，具有可操作性，同时要有创新和先进性。

3）选用的材料品种、品牌、数量、规格，使用部位、安装方法与相邻分项工程衔接措施，标注清晰，而且符合规范要求。

4）图线的使用，比例的标准，图标绘制都应符合制图标准。

5）图纸应专人审核校对，避免出现错误，造成损失。

6）图纸使用部位标注清楚，要标注绘图时间、绘图人、审核人。

第三节　一般抹灰与装饰抹灰工程

由于一般抹灰和装饰抹灰在第一本中已作过系统讲述，所以本章节仅依据学员的特点加以辅导。

一、新规范《建筑装饰装修工程质量验收规范》　（GB 50210—2001）中的抹灰工程的特点简介

（1）关于检验批的划分：由于室外抹灰一般是上下层连续作业，另一方面因层高不一致，按楼层划分检验批量有概念欠妥。因此，规定室外按相同材料、工艺和施工条件，每 $500\sim1000m^2$ 划分为一个检验批（室内检验批的划分在第六章第二节中讲述）。

（2）混凝土（包括预制）顶棚基体抹灰，由于各种因素的影响，抹灰层脱落的质量事故时有发生，严重危及人身安全，引起有关部门的重视，如北京市要求各施工单位不得在混凝土顶棚基体表面抹灰，用腻子找平即可。

（3）将原标准中一般抹灰工程分为普通抹灰、中级抹灰和高级抹灰，现合并为普通抹灰和高级抹灰两级。主要是由于普通抹灰和中级抹灰的主要工序和表面质量基本相同。将原中级抹灰的主要工序和表面质量作为普通抹灰的要求。抹灰等级应由设计单位在施工图中注明。

（4）抹灰工程所用的水泥、砂、石灰膏、石膏、有机聚合物等应符合设计要求及国家现行产品标准的规定，并应具有出厂合格证，材料进场时应进行现场验收，不合格材料不得用在抹灰工程上。对影响抹灰工程质量与安全的主要材料的某些性能如水泥的凝结时间、强度、安定性进行现场抽样复验。

（5）抹灰厚度过大时，容易产生起鼓、脱落等质量问题，不同材质基体交接处，由于吸水和收缩性不一致，接缝处表面的抹灰层易开裂，上述情况均应采取加强措施，钉钢板网，切实保证抹灰工程质量。

（6）抹灰工程质量关键是粘结牢固，无开裂、空鼓与脱落，否则会降低对墙体的保护作用，浪费能源，影响装饰效果。其产生开裂、空鼓与脱落的主要原因是基体表面清理不干净，表面的灰尘、疏松物、脱模剂和油渍等，影响抹灰粘结牢固的物质未彻底清除干净；表面光滑，抹灰前未作毛化处理；抹灰前基体表面浇水不透，抹灰后砂浆中的水分很快被基体吸收，使砂浆中的水泥未充分水化生成水泥石，影响砂浆粘结力；砂浆质量不好，使用不当，一次抹灰过厚，干缩率较大等，都会影响抹灰层与基体的粘结牢固。

（7）根据装饰抹灰的实际情况，保留了原规范中水刷石、斩假石、干粘石、假面砖等项目，删除了水磨石、拉条灰、拉手灰、洒毛灰、喷砂、喷涂、滚涂、弹涂、仿石和彩色抹灰等项目。但水刷石浪费水资源并对环境有污染，应尽量减少使用。

二、抹灰基体（层）的处理和要求

结构工程应经过正式验收之后才能转入抹灰工程施工。检查协调相关工种的工作是确保工程质量和工程进度的关键。

（1）门窗框及其他配件安装正确，不漏项，塞灰密实，结合牢固；不同材质的基层交接处和需要抹灰增厚的部位等必须钉钢板网的地方不得遗漏；电管与电盒、阳台栏杆、楼梯栏杆以及其他预埋件等不得遗漏。

（2）水暖管线不得漏项，并经压力试验合格。地漏标高正确，水暖、通风管道通过的墙洞、楼板洞都必须用1:3水泥砂浆或豆石混凝土堵严，灯具的预埋木砖不得遗漏。

（3）混凝土墙、砖墙或砖墙内的过梁、圈梁、梁垫等凹凸太多的要剔平，或者用1:3水泥砂浆补齐，现浇混凝土的模板要拆除并清理干净，砖墙上的脚手眼要用同种材料堵严。

三、装饰抹灰施工工艺特点

通过涂抹工艺，将未成型的若干种稠度适宜的砂浆牢固地附着在建筑物上，形成规则的平面或任意的曲线，丰富建筑物的内外空间，美化环境。

四、管理程序（见图 5-2）

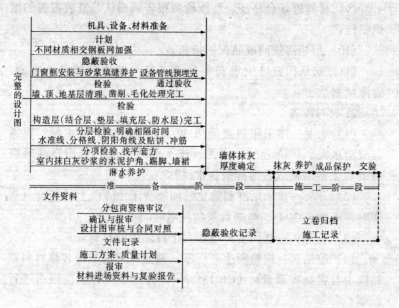

图 5-2　管理程序图

五、工艺要点

1．技术准备

（1）应有完整的设计图。

（2）经有关部门批准的施工方案及冬季、雨季的施工方案。

（3）经有关部门确认的样板间、样板墙。

（4）结构验收必须经有关部门认定合格之后方可进行抹灰工程。

（5）前导工序与设备管线预留、预埋验收合格及隐蔽验收记录。

（6）基层清理与处理，验收合格。

（7）抹灰厚度的确认记录。通过实测实量确定抹灰厚度。第一遍灰应在 9mm 以下，各层叠加总厚不应超过 25mm，总厚如果大于或等于 35mm 应增钢板网加强。

（8）基层有增强措施要求部位的确认与隐蔽验收。

（9）材料进场合格证、性能检测报告的确认与复验报告的组织归档。

（10）相邻部位的成品保护措施。

（11）确认门窗口位置安装是否正确与墙体连接是否牢固，缝隙堵塞严密。

2．材料准备

（1）水泥一律采用强度等级 32.5 以上的硅酸盐水泥、普通硅酸盐水泥、矿渣硅酸盐水泥（作水泥地面最好选用强度等级 42.5 以上硅酸盐或普通硅酸盐水泥）。

（2）石灰一律采用淋制熟化时间不少于 15d 以上的灰膏（罩面时，不少于 30d），磨细石灰粉浸泡时间不应少于 3d。

（3）石膏：应选用生产期在六个月之内的材料。

（4）胶粘剂：应验明生产厂家，遵照《室内装饰装修材料胶粘剂中有害物质限量》（GB 18583—2001）中有害物质限量进行控制。

（5）在地面工程中严格按规范控制砂的粒径和清洁度。

3．基层条件准备

（1）现浇混凝土墙与顶的检查和确认事项，使其具备抹灰条件。

1）模板拆除后，留下的孔洞、蜂窝、麻面和模板变形导致的表面缺陷应剔凿、修补。

2）外墙的施工缝、沉降缝、伸缩缝、设备管线穿墙孔洞以及门窗框周围等有雨水渗入危险的部位要在抹灰前作密封处理或填堵防水砂浆。

3）混凝土表面过于光滑时，可进行凿毛或用掺 108 胶的素水泥浆甩、刮毛，硬化后形成粗面基层，也可在抹灰前涂刷界面剂等。

4）表面如有油渍用掺 10% 的火碱水清洗，但需用清水冲洗干净，同时应将混凝土表面的尘土、浮浆、油污彻底清扫干净。

5）外墙混凝土表面应在抹灰前 1～2d 浇水湿润。内墙混凝土表面应在抹灰前适当洒水润湿，以保留适当的吸水能力。

6）顶棚抹灰应待上层地面抹完之后进行。

（2）空心砌块墙

1）一般干燥收缩大，抹好底层灰之后与面层灰间隔时间应延长一些。

2）清扫尘土，清除油污（方法同混凝土）抹灰前一天浇水湿润。

3）堵洞应用与墙体同类空心砖堵砌，不能混用。

（3）加气砌块墙

由于加气混凝土的吸水性能有先快后慢，容量大而延续时间长的特点，所以对基层表面必须进行处理，其作用是：

1）保证抹灰层有良好的凝结硬化条件，以保证抹灰层不致在水化（或气化）过程中水分被加气制品吸走而失去预期要求的强度，甚至引起空鼓、开裂。

2）对室内抹灰可阻止或减少由于室内外温差所产生的压力（在北方的冬季尤为突出），使室内水蒸气向墙体迁移的进程。基层表面处理的方法是多样的，设计和施工单位可根据当地材料和施工方法的特点加以选用（见表 5-1）。

饰 面 做 法 表　　　　　　　　　　表 5-1

基面 1	浇水及刷素水泥浆	说　　　明
	1. 随即刷水泥浆一道 2. 抹灰前 1h 再浇一至二遍 3. 抹灰前 24h 在墙面浇水两至三遍	1. 每遍浇水之间的时间应有间歇，在常温下，不得少于 15min，浇水量以水渗入砌块内深度 8～10mm 为宜 　2. 浇水面要均匀，不得漏面。做内粉刷时，以喷水为宜 　3. 抹灰前最后一遍浇水（或吃老本水），宜在抹灰前 1h 进行，浇水后立即可刷素水泥浆。刷素水泥浆后立即抹灰，不得在素水泥浆干燥后再进行抹灰

刷 108 胶素水泥浆	说　　明
基面 2 1．刷 108 胶素水泥浆一道（根据 108 胶的浓度掺水稀释，一般水胶比为 4：1 的溶液中加入适量水泥） 2．浇水一遍，冲去墙面渣沫	1．在 108 胶水溶液中掺加水泥的作用是：一方面在涂刷时能区分处理或未经处理的墙面，以免漏面；另一方面可提高墙面的封闭度 2．刷胶要均匀、全面，不得漏刷 3．使用胶料不限于 108 胶，可根据当地情况采用价廉对水泥砂浆不起不良反应的胶料即可 4．刷 108 胶素水泥浆后，应立即抹灰，不得在浆面干燥后再抹
刮　糙　处　理	说　　明
基面 3 1．用 1：3 或 1：2.5 水泥砂浆在墙面刮糙，厚度 5mm，刮糙面积约占墙面 70%~80% 2．刷素水泥浆一道 3．浇水一遍冲去墙面渣沫	刮糙可用缺口抹子在墙面括成鱼鳞状，表面宜粗糙，与底面粘结良好，厚度 3~5mm

（4）混凝土楼板面基层用钢丝刷，剁斧将浮灰落地砂浆全部清除，如有油污用火碱水清洗之后再用清水冲洗。

4．饰面放线的确认

（1）水准线、外窗、墙垛的垂直线以及抹灰厚度的墨线等。

（2）各类分格线、预留的分缝线。

（3）嵌条的装饰线。

（4）坡度线、泛水线。

5．机具准备与安装的确认

（1）搅拌机安装位置、防雨、冬季保温、上水与排水。

（2）输送泵的位置、供砂浆与排水。

（3）管线的架设。

（4）木制工具的加工。

6．隐蔽工程验收

（1）抹灰总厚度大于或等于 35mm 应采取钉钢板网等加强措施。

（2）不同材料基体交接处应采取钉钢板网加强措施，每侧压接宽度不少于 100mm。

六、抹灰的指导

目的是满足质量验收标准，消除质量通病，提高整体技术水平。

1. 应共同检查确认的事项

（1）抹灰部位、进度要求、抹灰等级。

（2）原材料已通过复验和确认，所用材料应符合设计和规范要求。

（3）基层加强部位已做完处理并办完隐蔽验收。

（4）面层与基层之间的构造层已通过验收。

（5）混凝土基层已作粗糙面的处理，其他墙体基层也已清理油污和灰尘，所有抹面部位都已适量浇水润湿。

（6）门窗已校正堵缝，外门窗缝已封闭。

（7）各类分格线已弹好，水准线已齐备并通过确认。

（8）搅拌机已就位，水电源已接通（如所用灰浆泵，稳好泵位，管线固定架设完），砂浆的配合比已挂在搅拌机棚。

（9）架子已通过验收。与墙体之间的距离符合要求。

（10）穿过墙或楼板的各类设备管线、套管安装完、预留、预埋件到位、孔洞封堵严实。

（11）抹灰的厚度已经确定。

（12）样板质量的确认。

（13）顶棚抹灰之前上层地面应施工完，门窗玻璃已安装。

2. 做标志与标筋

（1）弹抹灰厚度控制线。

（2）贴灰饼、冲筋、找平、套方。室外工程若是多层建筑物应用钢丝吊挂大线坠从顶层往下吊垂直，并绷低碳钢丝在大角和门窗洞口两侧分层抹灰饼。若是高层应在建筑物的大角或门窗洞口等垂直方向用经纬仪打垂直线，并按线分层抹灰饼找规矩。

3. 抹灰

（1）分为普通抹灰和高级抹灰两种。

（2）砂浆搅拌后应有适当稠度和较好的保水性。

（3）分层砂浆的配比不同，不能用错也不可混用。

（4）抹子压平充分抹牢，洞口周边等处不要留缝隙，要充分压入抹平。顶板抹灰在层与层之间相互垂直施抹。

（5）抹灰层与层间隔时间的确认，白灰砂浆七八成干后方可进行中层抹灰，水泥砂浆抹灰应待基层灰凝固后进行。

4.关键部位的指导

（1）外墙抹灰

1）滴水线，在檐口、窗台、窗楣、雨篷、阳台、压顶，凡突出墙面的部位，上面应作出流水坡度，下面应作出滴水线，其做法都是与墙面抹灰层相同，滴水线粘条与墙面分格粘条相同都应当内窄外宽，起条后应保持有 10mm×10mm 的槽，严禁抹灰后用溜子划缝压条。

2）窗台和窗上脸抹灰，砂浆应挤满窗口，避免渗水（铝合金窗应留嵌胶线），但窗四周的砂浆不允许吃口。

3）檐口等突出部位的抹灰槎应当是立面压底平面，顶面压立面。

（2）室内抹灰

1）抹白灰砂浆之前应先抹水泥护角。

2）门窗框边缝应在抹灰前塞灰塞实（铝合金门窗除外）。

3）踢脚板和水泥墙裙抹灰不允许吃压底层的白灰砂浆。

4）加气混凝土基层抹灰（前面已讲述）。

（3）地面抹灰：控制好地面的厚度、平整度、面层应与门框锯口线吻合。

5.季节性抹灰指导

（1）冬季：按规定当预计连接 10d 内的平均气温低于 5℃或当日最低气温低于 -3℃时，抹灰工程应按冬季施工采取相应的技术措施。

1）砂浆应采用 +5℃以上的热砂浆。

2）搅拌棚应保温在+5℃以上。

3）砂的储存与灰膏的储存应防止受冻。

4）抹灰的环境温度应保持在正温度以上。

5）基层不允许有冰霜。

6）可以掺外加剂降低砂浆冰冻点。

7）室内有专人管理开关窗，中午时间应开窗通风换气。

（2）夏季与雨季

1）在炎热、高温、干燥、多风的气候条件下抹灰常出现砂浆脱水，使砂浆中水泥没有很好地进行水化就失水，因此砂浆无法产生强度，严重地影响质量，为防止上述情节的发生要调整砂浆的配合比，提高砂浆的保水性、和易性，必要时掺入外加剂，砂浆随拌随用，控制好各层砂浆之间的抹灰间隔时间。

室外应采取遮阳、防止曝晒，同时要及时浇水，加强养护。

2）在雨季：在雨季施工应适当降低水灰比，提高砂浆稠度。室外要有防雨遮盖的临时性措施。

6．养护

（1）所有水泥砂浆抹完之后都应进行养护，使水泥充分地水化，增长强度。一般水泥地面和楼梯应采用锯末浇水养护。养护期新规范规定在"整体面层施工后，养护时间应不少于7d，抗压强度达到5MPa后，方准上人行走，抗压强度应达到设计要求后，方可正常使用。"

（2）冬季：砂浆终凝前不应受冻（抹灰层应保持24h以上的正常温度）。

第四节　瓷砖镶贴工艺

一、范围

依据《建筑装饰装修工程质量验收规范》（GB 50210—2001）

及《外墙饰面砖工程施工及验收规范》(JGJ 126—2000)。适用的饰面板安装和饰面砖粘贴的施工工艺和质量验收标准。

二、管理程序

为体现项目管理过程的四个阶段制定此程序，以达到与项目管理一致。实现（PDCA）的持续改进过程。

三、翻样图

依据设计选定的品牌和样板的规格尺寸以及接缝的要求，画排砖实样图，标注各种外露配件的相关位置（图 5-3），使墙面整洁有序。

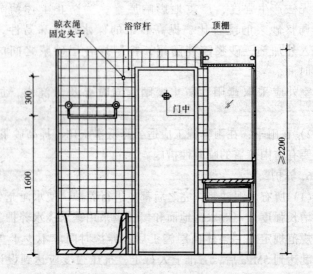

图 5-3　瓷砖排列图

四、根据设计图纸进行排砖、排版设计

1. 釉面砖墙面

（1）宜竖向镶贴，宜采用密缝，缝宽不大于 1mm，可选用顺缝排列，也可选用错缝排列。

（2）如有镜框、面盆，必须以镜框、面盆为中心线，往两边分砖，电盒和五金件的中心都应坐在面砖的十字交插缝上。

（3）在同一墙面上横竖排砖，不宜有一行以上的非整砖，非整砖行应排在次要位置或阴角处。阳角部装阳角条或45°角安装。阴角应以主要看面压次要看面。

2.彩色釉面砖，一般对缝排列，尽量不用非整砖，非用不可只能将非整砖贴在阴角处，不得在阳角处贴非整砖。

3.外墙镶贴面砖或石材板，应以主入口为中心线向两侧排，同时应在窗口两侧是整砖，阳角必须选用整砖，排砖从阳角开始，非整砖排到阴角部位。

4.外墙排砖（板）的原则是：顶面砖压立面砖（板），立面砖（板）最下一排砖压底平面砖（板），为了避免雨水灌入。

5.外墙镶贴锦砖，排砖弹分格线按图案编号对应在砖联背面纸上也写上编号，以便对号嵌贴。

6.陶瓷地砖排砖前应进行房间尺寸净宽净长丈量，弹十字中心线，以十字中心线对称排砖，非整砖甩在房间两侧不显眼的位置，但进门的位置即靠近门的一侧应当是整砖。走道应分中排砖，非整砖宜排在走道的两侧。

7.为了使地砖铺贴整齐，应先在找平层上弹出基准线。当净宽及净长内的地砖块数为偶数时，基准线应通过房间的中心点，纵向基准线及横向基准线各一条，相互垂直。

当净宽及净长内地砖块数为奇数时，纵向基准及横向基准线均偏离房间中心点半块地砖宽；当净宽及净长内的砖为非整数，纵向基准线及横向基准线均偏离墙面一块地砖宽。

8.镶贴变形缝处的饰面板、饰面砖应按设计要求做出留缝宽度。

五、比较复杂的陶瓷艺术安装工艺

在此主要介绍陶瓷壁画的安装工艺。

1.范围

陶瓷壁画是以陶瓷锦砖、面砖、陶板等为原材料制作的，具有较高艺术价值的现代建筑装饰材料。它既可以镶嵌在高层建筑上，也可以陈设在公共活动场所，如候机室、大型会客室、园林旅游区等，给人们带来美的享受。

2. 简介

陶瓷壁画不是原画稿的简单复制，而是艺术地再创造，它巧妙运用绘画技法和陶瓷装饰艺术于一体，经过放大、制板、刻画、配釉、施釉、烧成等一系列工序，采用浸、点涂、喷、填等多种施工釉技法以及丰富多彩的窑变技术，而产生出神形兼备、巧夺天工的艺术效果（图5-4）。

1979年我国磁州窑艺术陶瓷厂和中央美术学院的同志们一起，设计烧制成功了我国第一幅大型高温花釉陶板壁画——"科学的春天"镶嵌在首都国际机厂的候机大厅里，中央工艺美术学院院长张汀先生看到这幅 $67m^2$ 的大型壁画后，高兴地丢掉了拐杖，高呼磁州窑万岁！在此之后，1984年10月由756块方砖拼镶成，宽8m，宽2.5m的"大华竹海"是经过三次高温煅烧使色彩自然渗透到釉层之中，画面精美、光润而有立体感，犹如嵌镶于镜子之中。

3. 工艺流程

陶瓷壁画进入现场，首先试拼编号→测量放线→钉临时边框→基层处理→找规矩→抹底平层→弹分格控制线→镶贴→拆除临时边框→镶贴或安装正式边框→擦缝→清理→养护。

4. 工艺操作要点

（1）陶瓷壁画砖在运输、试拼和浸泡、镶嵌全过程中要有完整的保护措施，防止碰撞，保证棱角完整。

（2）试拼编号依据设计图或翻样图，试拼过程中应检查板面色泽一致，画的纹理完整、通顺，以及陶瓷砖应具备的质量验收标准。

（3）测量放线是依据设计的壁画位置准确的弹放边框线，竖向线用线坠吊垂直，横向线以室内水准线翻尺为准，不允许从地面或顶面量尺。

图 5-4 陶瓷壁画艺术效果图

（4）临时边框钉完后应检查平、直、方、正。尺寸符合设计要求。

（5）基层处理：仍用在前面讲述的方法。

（6）找规矩：在临时边框的内侧弹壁画面层厚度控制线。如果面积较大应分块贴饼冲筋。

（7）底层灰应随着刷界面剂随即抹 1:3 水泥砂浆，面层用木抹子搓毛。

（8）找平层用 1:2.5 水泥砂浆，表面要求平整，其垂直平整度偏差值应控制在±2mm以内，面层灰应用抹子搓毛。

（9）弹排砖控制线应留1mm灰缝。

（10）瓷砖在镶贴之前应浸水泡透，然后取出晾干。

（11）基层砂浆浇水润湿，而后在找平层上薄薄抹一层掺108胶的水泥浆或水泥∶细砂∶纸筋灰＝1∶1.5∶0.2的水泥砂浆粘贴。

（12）在陶瓷砖的背面涂抹相同的纯水泥浆或水泥混合砂浆，从壁画的中间向两侧由下至上镶贴，每块砖都应注意垂直、平整，之外要特别注意画笔的通顺和画面的完整性。

（13）拆除临时边框时注意保护瓷砖边棱。安装新边框衔接严密。

（14）擦缝：待镶贴完毕后用白水泥掺色浆调成与陶瓷板面相近的色浆揉搓进砖缝内。在画笔部位应对相近色调的浆。

（15）清理板面，将画面上的尘土、灰浆等全部清理干净。

（16）养护：全部安装完毕之后应挂不掉色的棉毡湿润。

5. 质量要求

（1）陶瓷板的材质、制板、刻画、釉面、色泽均符合设计要求。

（2）线条的衔接、图案、观感舒适均保持了画面的完整性。

（3）表面无起碱、变色、污点、砂浆流痕和显著的光泽受损。

（4）砂浆与基层板面粘结牢固，无空鼓。

（5）允许偏差

1）表面平整度：允许偏差不大于2mm；

2）立面垂直度：允许偏差不大于2mm；

3）接缝平直：允许偏差不大于2mm；

4）接缝高低：允许偏差不大于0.5mm。

第五节 瓷砖地面拼花工艺

一、工艺特点

将不同材质、不同色调的陶瓷地砖切割成不同的几何形状，依据设计图纸拼装成规定的几何图形（图 5-5）。

图 5-5 拼花几何图

二、技术要点

（1）放线：按图纸位置及造型放在地面上，如果与藻井或花灯对应，或与门分中对应。放线时充分注意其特点和对应关系。

（2）先铺地面砖，留出拼花位置，但是铺地面时及时清除拼花部位的剩余砂浆。

（3）放大样、套模板，用模板套裁瓷砖。

（4）砖裁完之后用油石磨裁口线，使之光滑，拼接密严。

（5）先试拼合格后，在背面编号。

（6）随铺随清除挤出的砂浆。

（7）用 2m 靠尺，随铺随找平。

三、质量要求

（1）符合设计要求。

（2）缝隙通顺。

（3）表面平整，不挡手，无错棱。

第六节　石材干挂工艺

一、干挂法施工工艺

1. 适用范围

由于相对于传统湿作业，工艺简单，而且减少了对石材的污染源，是一种新的结构围护体系。依据《金属与石材幕墙工程技术规范》JGJ133—2001 石材幕墙适用于民用建筑高度不大于100m，设防烈度不大于 8 度的石材幕墙工程。

术语解释：石材幕墙指板材为建筑石板的建筑幕墙（图5-6，图 5-7）。

本章节只适用于吊挂件固定在混凝土墙或实心砖砌体上的石材幕墙。由于工艺上的优点目前不仅用于室外工程，也经常用于室内石材的安装。

2. 工艺流程

3. 主要操作方法和技术要求

（1）清理混凝土基层，清除墙面剩余的拉杆、钢筋头、模板等废弃物以及混凝土漏浆之处，对蜂窝、麻面、穿墙螺栓孔等孔

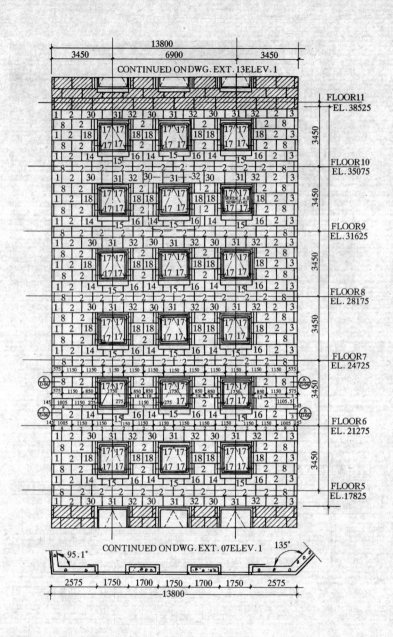

图 5-6　石材幕墙施工图

图 5-7 石材幕墙

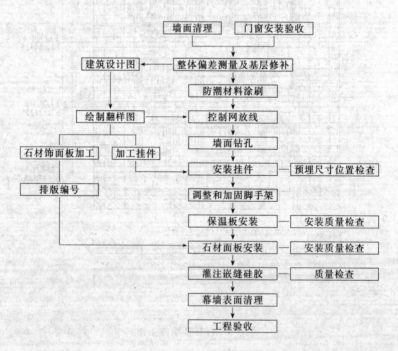

洞进行修补，对胀模之处进行剔凿等处理。同时，用胶带把墙面控制轴线和标高线保护起来，待防潮层涂刷完毕后再揭开。

（2）门窗安装验收：包括门窗安装、嵌缝质量以及门窗间的横竖通顺。

（3）整体偏差测量：由于土建施工允许误差较大，干挂石材施工要求的精度很高。即普查建筑物整体结构尺寸的施工误差，根据普查结果，找出建筑物实际尺寸与设计尺寸之差，以便将误差平均分配到控制网的基本单元格中，确定控制网的实际放线尺寸。

测量完成后，立即对测量值进行分析，并与挂件调整范围比较，确定是否能够满足安装要求。若不适用应立即与设计联系，采取补救措施。这种测量目的是掌握总体情况，在相邻轴线范围和层高范围通过目测选点即可，但是必须具有代表性，一般不少于10点。

柱垛、洞口、腰线等转角、挂板和其他专业系统结构偏差测量，确定实际位置是否能够满足挂板实际要求，是否产生对其他专业的影响。

（4）防潮材料涂刷：此工序仅限于外墙挂板。防潮层采用高弹性防水涂料（Sikaproof Membrane），涂料分三层涂刷，一层底油（同种涂料加水稀释）、两层涂料。

防潮层的涂刷按立面由上至下进行，并应在挂板安装之前将整面墙涂刷完毕，以避免涂料污染石材。施工前，先用油刷将阴阳角等部位均匀涂刷一遍，再用长把滚筒刷进行大面积涂刷，涂刷顺序为先高后低、先远后近，以免造成污染。后一遍涂层必须在前一遍涂层干固后方能进行，干燥时间视施工时的气候条件确定。在涂刷最后一遍涂层之前，应严格检查前面涂层是否有空鼓、气孔固化等不良之处，若有，则必须对其进行修补直到合格后才能做最后一层涂刷。窗洞口处防潮层应向内拐进100mm，建筑物收头处应多遍涂刷。

防潮层涂刷后应保证涂料用量为 $1.6kg/m^2$，干燥后总厚度为

1mm，用厂家提供的专用工具检测。

（5）建立装修立体控制网：为保证挂板、地面石材、窗户、玻璃幕墙、机电等专业系统尺寸和位置整体交圈闭合并达到所有缝隙贯通的设计要求，在结构封顶后立即建立了装修立体控制网，控制网是分两级逐级测放的，挂板所用的控制网是投放在墙面上的。

首先，由项目经理的专业测量工程师对结构施工的控制轴线和控制标高进行复核和调整（将误差平均分配到控制网的基本单元格中），并依据调整后控制线建立一级装修立体控制网。即：在屋面和每楼层测放控制轴线，在女儿墙顶测放建筑物外型轮廓线，在建筑物立面每三层标高测放一道标高线。此一级控制网确定后即为工程测量定位的最高准则，测量结果由测量工程师编写书面文件下发到各专业工程师。

然后，挂板分包商进场后将一级控制网加密为二级控制网。即：在墙面上测放出每条轴线和每层标高线，在空间用钢丝绳标识挂板面的建筑模数线位置（与墙面之间距离的设计值为：外墙 145mm，内墙 100mm）。在测放二级控制网过程中应将发现的误差在单元格内消化，避免产生积累误差。测放工作完成后，分包商将测放结果形成书面测量资料提交给测量工程师，由测量工程师组织挂板分包商、铝合金分包商、其他有关分包商及监理工程师进行核验。核验合格，所有专业系统均据此工作。

立面钢丝绳定位线可采用细不锈钢丝或低碳钢丝，如采用后者须在表面涂胶以防生锈污染石材。在首层和屋面使用角钢架固定、紧箍钢丝绳，中间每隔三层层高用一带有开放圆孔的角钢架辅助固定。在施工过程中，每天开始作业前要校核钢丝绳位置，以防止移位。

（6）施工作业线测放和墙体偏差精确测量：依据墙面控制网，按设计尺寸在混凝土墙面测放施工作业线（外墙在防潮层上），标识每个挂件的位置和每层石材的标高。施工作业线由墙面上的水平线和垂直线以及控制石材进出的细线组成。水平线指示出石材上口的位置，垂直线指示出挂件中心的位置，同时依据挂件中心位置确定出膨胀螺栓中心点。

作业线测放后，立即进行墙体偏差精确测量，测量每个挂件处墙体和钢丝绳之间的精确距离并将其标注在墙体上和图纸上，根据该距离确定选用挂件的类型（仅指挂件调节范围的分类，有标准型、加长型——用于凹陷墙面、减短型——用于凸出墙面）。

（7）墙面钻孔：用冲击钻在墙面打孔，打孔时必须保证钻机与墙面垂直，必要时，应设置辅助平台或高梯以便工人操作。钻孔完毕应用毛刷和气吹将孔洞清理干净。钻孔必须保证孔洞平直干净，孔深达到锚栓包装盒上图示的埋深要求。

遇到钢筋时，可采用下列方式处理：

1）用水钻打孔。

2）向左或右水平移动孔位。

3）向上垂直移动孔位，选用托架背板加长的挂件。

孔位移动后，墙面上相邻两个孔位之间的距离不得小于3倍的孔径，最大不得超过600mm。孔位移动后，必须将墙面原孔用高强度等级水泥砂浆封堵，并通知石材钻孔人员注意改变石材销钉孔的位置。注意，如石材已钻销钉孔，则原销钉孔位必须用经石材厂家认可的结构胶修补，且新销钉孔距原孔的距离不得小于50mm。

（8）挂件选择和安装：挂件类型选择原则如下：

墙面和石材之间的距离　　　　　　　　　　　　挂件类型

大

加长挂件＋钢支架

加长挂件＋垫片

加长挂件

标准挂件

弯板打孔挂件

小　　　　处理混凝土结构后，采用弯板打孔挂件

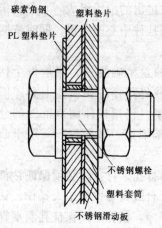

碳索角钢　塑料垫片
PL塑料垫片
不锈钢螺栓
塑料套筒
不锈钢滑动板

图 5-8　碳钢连接节点图

其中：

1）垫片应符合：厚度不超过胀栓直径；有闭合的孔穿过胀栓或开口向下；材质为硬塑料。

2）钢支架可采用镀锌钢或普通钢刷防锈漆形式，在钢支架和挂件接触部位用塑料套管隔离（图 5-8）。

3）遇到混凝土结构凸出这类情况，要尽可能不破坏结构而采取改变挂件体系的方式，若必须处理结构时，则必须与结构工程师协商，确定处理方案后方可实施。

防潮层受热变软时，挂件托架的下部将会向墙面贴近，从而导致挂板下垂，因此在挂件安装前，应将挂件弯板背后区域的防潮剔除干净（图 5-9）。

安装挂件时，托架后面的混凝土结构面应平整、干净，不平时，可用角磨机磨平或用塑料垫片找平。

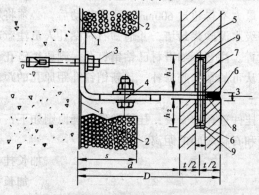

图 5-9　挂板用材料及使用部位

1—防潮薄膜*；2—保温板*；3—固定锚栓；
4—挂件；5—石材；6—密封胶；7—销孔胶；
8—密封胶背衬材料；9—销孔内可压缩材料

148

安装挂件时，应根据控制线（钢丝绳）调整挂件到它的最终位置然后再用锚栓固定。固定后应检查锚栓的埋入深度（拧紧后螺栓外露2～3扣丝为宜），并用力矩扳手检查其牢固性。锚栓埋入深度和力矩值按产品说明书的规定执行。

（9）石材准备：没有严格精细的石材保护工作，就没有一流的工程质量。为确保安装上墙的每块石材都没有破损缺陷，首先，从管理人员到操作工人都要树立强烈的石材保护意识；其次，在从仓库到现场、从现场到楼层、从楼层到脚手架的运输过程中都要采用合适的方法；此外，还必须在现场和楼层内设置面积合理的施工场地：石材堆放区、修补区和石材确认区。

石材准备包括：石材出库计划、石材验收和标识、石材运输、石材堆放、石材修补及粘接、石材钻孔、石材确认等内容。在石材准备过程中，必须高度重视石材保护工作。

1）石材出库计划：石材出库计划应根据施工的顺序、部位和时间进行编制。在编制石材出库计划时，必须对安装区域的现场和相关图纸进行详细的核查，找出并标注因受施工电梯和塔吊附墙或其他因素的影响而暂时不能安装的石材的位置、编号和数量，并从计划中相应地扣除，这些石材暂时存放在仓库原包装箱内，待将来具备安装条件时再提取。

2）石材验收和标识：石材在仓库进行开箱验收，开箱时应对照装箱单对石材进行验收，并在石材上口按"托盘号"石材编号/立面 楼层/图纸号的形式进行标识。验收包括：核对石材物型号、数量、测量石材的尺寸，检查石材的外观缺陷和取样复试。只有经检验合格且标识清楚的石材才能发料、运抵现场。

3）石材运输：标准石材按型号和安装位置分别装在相应的托架上运输，钻孔开始前，此托架不得被打开。对角部石材和其他异型石材均置于原包装箱内运输，直到钻孔前才能从箱内取出。石材由外用电梯运至楼层，再从窗洞传递到脚手架上安装。运输过程中石材必须采取保护措施防止石材破损，在石材与其他石材接触的一侧应加泡沫衬垫等，防止石材边角与硬质材料接触。石材不能直接接触金属支架上。

4）石材堆放：在施工现场设立现场石材堆放区，堆放区内应场地平整。所有到现场的石材都必须进入堆放区保存。堆放区四周用围栏与外界隔离，入口处张贴明显标识。

石材堆放在脚手架上时，应分散堆放，堆放处架子应加固。石材不得直接与脚手架接触，应加胶垫以防破损。

5）石材修补和粘接：在楼层内石材堆放区的附近应设立石材修补区，用于石材修补和粘接作业。修补区内要求照明充足、场地清洁、扬尘少。石材钻孔前，应对石材完好程度进行检查，如发现个别部位有小的磕边掉角（正面面积小于 20mm × 20mm，否则应将石材转入确认区，待确认），应由专门人员在石材上墙前对其进行精心的修补。修补材料由专用胶和色粉调配而成。

6）石材钻孔（图 5-10）：在石材上口和下口分别画出板的中心线，由中心线向两边量测销钉孔位（而不是从石材两端分别量测），销钉孔位应与墙面锚栓孔位相对应。在石材上口标注"上"或"↑"，在石材上钻 8mm 直径的销钉孔，石材上边孔深 32mm，下边孔深 40mm（外墙）或 38mm（内墙）。钻孔时应采用固定卡具，以保证孔的直径、位置、深度及垂直度。卡具孔中心应距离石材外表面 20mm（外墙）或 15mm（内墙）。出现废孔时，工人不得擅自在石材另钻空洞，必须把石材移至确认区，等待确认。

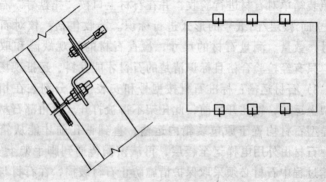

图 5-10　立面斜墙挂板图

7）石材确认：在每个楼层设立一个石材确认区，区域内存放如下石材：

1）出现裂缝、爆裂及其他结构缺陷的石材；

2）有明显色斑、色差的石材；

3）超出正常石材修补范围的石材（正面破损面积大于 20mm × 20mm）；

4）由于错误操作导致出现废孔的石材。

对上述石材应进行复查和确认，必要时应邀请建筑师、监理工程师或业主做最终确认。

（10）石材安装：石材安装前，应先将销孔胶注入石材底部的销钉孔内，然后将石材小心地抬起插放到底部挂件的上面，将石材调直后安装上部挂件（初装，临时固定）。用水平控制线及 2m 靠尺检查石材平整度，用塞尺检验其缝隙宽度，如合格，则用平面夹或木楔临时固定石材；如不合格，则把石材卸下，调整挂件，重新安装石材。不允许在石材上墙的情况下，用锤子或其他工具敲击挂件。

同一轴线内的石材安装完毕，校正无误后，再统一灌注石材上部的销孔胶。注胶前，将销钉拔出，移开舌板，在销孔内放入可压缩材料，然后注入销孔胶。将销钉插入至销钉孔的全部深度，清除掉从销钉孔中挤出来的胶。重新将舌板定位、拧紧螺栓，将挂件做最终固定。

销孔胶采用 GE2020 或 Dow Corning795 硅酮胶产品，与密封胶相同。产品颜色应与石板相近。

（11）注密封胶：挂板安装完毕并通过监理验收后方可注密封胶。密封胶采用 GE2020（外墙）和 Dow Corning795（内墙）硅酮胶产品，颜色为设计确认。

首先进行注胶前的准备工作：用毛刷清理板缝，在板缝内塞入发泡条作为填充物，在板缝两边粘贴水性胶带防止嵌缝胶污染石材。发泡条应比板缝宽大 1.25 倍，填充后要停留 24h 使其充分发泡后方可打胶（图 5-11）。

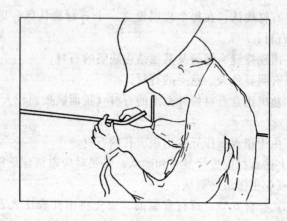

图 5-11　塞发泡条图

　　密封胶用供应商提供的专业胶枪进行灌注作业，操作顺序为：先水平、后垂直。注胶时，应注意用力均匀、尽量不抖动。注完胶，应立即用小抹子或手指将胶抹平、抹匀。密封胶要求表面均匀光滑，转角和接口部位平顺贯通无接头、断头。打胶过程中如不慎有胶落在石材表面上，应等其干燥后再用刀片刮去。若立即清除，可能使其渗入石材中，污染石材（图 5-12）。

　　打胶 3d 后，胶才能干燥。此段时间内作业现场应尽量避免大量扬尘。待胶完全干燥后，再清除多余的胶和胶带。

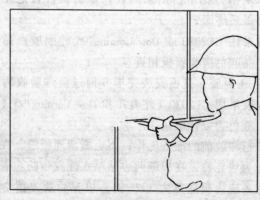

图 5-12　抹密封胶图

（12）清洗和保护：施工完毕后，除去石材板表面的胶带纸，用清水和清洁剂将石材表面擦洗干净，按要求进行打蜡或刷保护剂（JGJ 133—3001 规定严禁用溶剂型的化学清洁剂清洗石材）。

4．施工注意事项

（1）严格控制石材板质量，花岗石板材的弯曲强度应经法定检测机构检测确定，其弯曲强度不应小于 8.0MPa，材质和加工尺寸都必须合格。

（2）花岗石如用于室内应做放射性性能指标复验。石材含有放射性物质时应符合现行标准《天然石材产品放射性防护分类控制标准》（JC518）的规定以及现行行业标准规定。

（3）要仔细检查每块石材板有没有裂纹，防止石材板在运输和施工时发生断裂。

（4）测量放线要十分精确，各专业施工要组织统一放线、统一测量，避免各专业施工因测量和放线误差发生施工矛盾。

（5）预埋件的设计和放置要合理，位置要准确。数量、规格、连接方法和防腐处理必须符合设计要求。后置埋件的现场拉拔强度必须符合设计要求。

（6）所选用的材料应符合国家现行产品标准的规定，同时应有出厂合格证、物理、力学及耐候性应符合设计要求。

（7）硅酮结构密封胶、硅酮结构耐候密封胶必须有对于所接触材料的相溶性试验报告。橡胶条应有成分化验报告和保质年限证书。

（8）根据现场放线数据绘制施工放样图，落实实际施工和加工尺寸。

（9）安装和调整石材板位置时，可用垫片适当调整缝宽，所用垫片必须与挂件是同质材料。

（10）固定金属挂片的螺栓要加弹簧垫圈，或调平调直拧紧螺栓后，在螺母上抹少许石材胶固定。

二、安全施工技术措施

（1）进入现场必须佩戴安全帽，高空作业必须系好安全带，携带工具袋，严禁高空坠物。严禁穿拖鞋、凉鞋进入工地。

（2）禁止在外脚手架上攀爬，必须由通道上下。

（3）幕墙施工下方禁止人员通行并有明显施工标志。

（4）现场电焊时，在焊接下方应设接火斗，防止电火花溅落引起火灾或烧伤其他建筑成品。

（5）电源箱必须安装漏电保护装置，手持电动工具操作人员戴绝缘手套。

（6）在 6 级以上大风、大雾、雷雨、下雪天气严禁高空作业。

（7）所有施工机具在施工前必须进行严格检查，如手持吸盘需检查吸附质量和持续吸附时间试验，电动工具需做绝缘电压试验。

（8）在高层石材板幕墙安装与上部结构施工交叉作业时，结构施工层下方应架设防护网；在离地面 3m 高处，应搭设挑出 6m 的水平安全网。

（9）施工前，项目经理、技术负责人要对工长和安全员进行技术交底，工长和安全员要对全体施工人员进行技术交底和安全教育。每道工序都要做好施工记录和质量自检。

第七节　室内弧型石材幕墙安装工艺
（传统工艺）

一、范围

该节借用一个近千平米的橄榄形大厅用传统工艺悬挂弧型石材幕墙及幕墙上镶嵌的石材浮雕，讲解复杂造型的石材安装工艺及浮雕花饰镶贴工艺（见图 5-13）。

二、幕墙构造简介

由 10# 槽钢悬空锚固在面向大厅的两层开放式走廊外侧柱和边梁上，形成弧形幕墙的主次龙骨，构造全长约 60m，总高约 6m，弧边是由两条半径为 35.129m 和 51.60m 构成弧线，龙骨在

图 5-13 橄榄厅石材幕墙、石材浮雕、石材地面图

大厅一侧挂双层钢板网，用 φ10 钢筋将钢板网固定在次龙骨上，幕墙在走廊的一侧抹灰，而后石膏板封闭。在大厅的一侧镶贴石材饰面板，在板外侧镶挂汉白玉浮雕。

三、工艺流程

（幕墙构造部分省略，从幕墙骨架检查验收开始）

幕墙检查验收→引中心线和轴线、水准线→检查、核实弧线→绘制石材排版图→石材外加工→拆改幕墙双排架子→绑搭支托架子→墙面石材安装→幕墙擦缝→清洁→在幕墙上绘浮雕轮廓线→安装汉白玉浮雕→清理幕墙→养护。

四、操作要点

1．准备工作

（1）幕墙构造的确认与现场的检查验收。隐蔽验收。

1）构造图自行设计、验算、设计院签字确认。

2）挂槽钢的后置埋件，在现场作拉拔强度检验。

3）骨架焊接件检验。

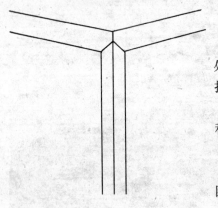

图 5-14　八字石材示意图

（2）设施支搭：

1）双排架子支搭。

2）距幕墙下边框 50mm 处，支搭托首层石材板块的托架。

3）石材储存场，修理和切割场地的支搭。

4）水泥仓库。

（3）石材饰面板排板绘图原则：

色调均匀，纹理通顺，缝隙严密。

1）为满足弧型墙的特点，石材板块的立边宜采用小八字的坡形边。其优点是：石材板块的外立边不直接在板面上相交，而是退入里侧与八字边相交，即易于形成内弧（见图 5-14），显示板缝密实，又避免了由于板切割形成的毛边，而且八字边显示出挺拔。

石材板块宜采尺寸适度的方形板块，因为板块尺寸小虽然易形成弧，但板面显碎，板面尺寸大不易形成曲线。所以由幕墙的长、宽尺寸平均，确定了石材板块尺寸，选择了方形，便于通用，调整板位，也易于色调和纹理的协调，扩大了整板使用量。

2）饰面材是西班牙旧米黄石，色差大、斑点多，采用了色差逐渐过渡的原则由加工厂负责调配编号。色差突出的板块，排板时放在浮雕后面。

3）幕墙两端镂空窗的窗间墙一律使用整砖。

4）大厅方柱的饰面板应与幕墙施工板，垂直方向通顺。

（4）控制线：

1）幕墙的中线，石材对称镶贴。

2）水准线：控制每层石材镶贴的高度和上口的平整度。

3）柱子的轴线引伸到幕墙基层板面上，供选择石材板块规格和控制竖向板缝位置。

4）托架上的饰面板外皮线是控制首层饰面板位置与弧度的基准线。

5）幕墙面每隔四块板块弹一条立线，对应此立线从托架的弧型幕墙外皮向外放 10mm 拉竖线至第三层的顶、吊直，作为弧度控制线。

2．其他准备工作：

1）浮雕销锚件焊接：每块浮雕不少于 3 根销锚件并随同骨架办理隐蔽验收。

2）制作分段的曲线套板。

3）水泥复试报告。

4）石材的检查修补与背面涂刷界面剂。

3．安装石材板块：

1）安装：板的安装顺序由下往上，每层都由中间向两端逐渐镶贴，板块对号入座用铜丝固定，用木楔垫稳。用靠尺检查垂直，用弧型尺检查通顺，调整后再扎紧铜丝，再调整板间缝隙均匀一致。以保持每一层板材上口平直。

2）临时固定：石材饰面板找好垂直、平整、方正和弧型通顺后，调制石膏，为了增加强度，石膏内可掺 20% 白水泥（深色大理石可用普通水泥）调成粥状粘贴在大理石上下口及相邻板缝间形成整体，木楔处也可以粘贴石膏，以防发生位移，然后用靠尺复查，发现问题及时纠正，待石膏硬固后即可进行灌浆。

3）灌浆：板材表面各项质量经检查都符合要求后用 1∶2.5（体积比）水泥砂浆分层灌注，其稠度为 10～15cm，沿着弧线均匀灌注，高度不宜超过 150mm，也不得超过板材高度的 1/3，应轻轻操作，一旦发生位移应拆除重新安装，上述的橄榄厅由于石材是浅色米黄，所以水泥使用的是 425 标号白水泥。

待第一层灌完后停 1~2h，并检查无移位后开始第二层灌浆，最后留 50mm 为上层石材饰面板灌浆的结合层。

4）清理板材饰面：当每层板灌完浆待砂浆初凝后方可清理上口余浆，并用棉丝擦干净，第二天再拆除上口木楔及板面的石膏与杂物，重复前述程序安装上一层石材饰面板，从下往上一层层地操作直到完成。

5）嵌缝：全部石材饰面板安装完毕之后，清除所有的石膏和余浆痕迹，用棉纱擦洗干净，并按石板的颜色调制色浆嵌缝，边嵌边擦干净，使板的缝隙密实，颜色一致。

五、汉白玉浮雕花饰的安装

在第十二节中讲述。

六、质量要求

1．应有以下的验收记录文件

（1）饰面板工程的施工图、设计说明及其他文件。

（2）材料的产品合格证、性能检测报告、进场验收记录和水泥的复验报告。

（3）后置埋件的拉拔检测报告。

（4）预埋件（或后置埋件）连接点的隐蔽工程项目验收记录。

2．主控项目

饰面板的品种、规格、颜色和性能应符合设计要求。

3．一般项目

（1）饰面板表面平整、洁净、色泽一致，无裂痕和缺损，石材表面应无泛碱等污染。

（2）饰面板嵌缝应密实，平直、宽度和深度应符合设计要求，嵌填材料色泽一致。

（3）采用湿作业法施工，石材应进行防碱背涂。饰面板与基体之间灌注材料应饱满。

4. 允许偏差值

立面垂直度 2mm；表面弧度 2mm（用同弧度 2m 靠尺检查）。

第八节　石材地面丝缝铺装工艺

一、范围

用一个橄榄形地面石材铺设的实例，讲述异形地面铺设工艺特点和操作要点及应注意的质量问题。

二、橄榄形（地面的特点）

1. 构造特点

面积近 $900m^2$，平面形状由两条半径分别是 35.129m 和一条 51.60m 的圆弧线形成橄榄状，故称之为橄榄厅。大厅地面是由自动平开门分中与外圈烧毛板里皮线交接点为起始点，45°斜线铺 1m×1m 四块为一组的素挂冰花、磨光花岗石板。组心镶嵌一块 0.25m×0.25m 同品种的磨光板，每组之间烧毛板分隔（图5-15）。

板缝要求：板与板之间要求丝缝。

2. 工艺特点

（1）弧形边而且由三组半径构成，又是 45°排列，所以边部的石材、块与块之间没有重复的弧度。

（2）磨光板四块一组，在组与组之间烧毛板分割，烧毛板板面应与磨光板保持平整、边棱一致。

（3）1m×1m 的大规格板而且板是多边形还要镶嵌一块 0.25m×0.25m 的组心，再加上烧毛板圈边，设计要丝缝，就其优质板的规格允许偏差是 -1mm。

（4）从图上可以发现相交接的房间和通道走廊比较多。

（5）板块安装要求丝缝，首先要在加工定货合同中注明板面平度、边的直度和角的方正以及板块尺寸的允许误差均以丝为单位验收，控制板材加工质量。

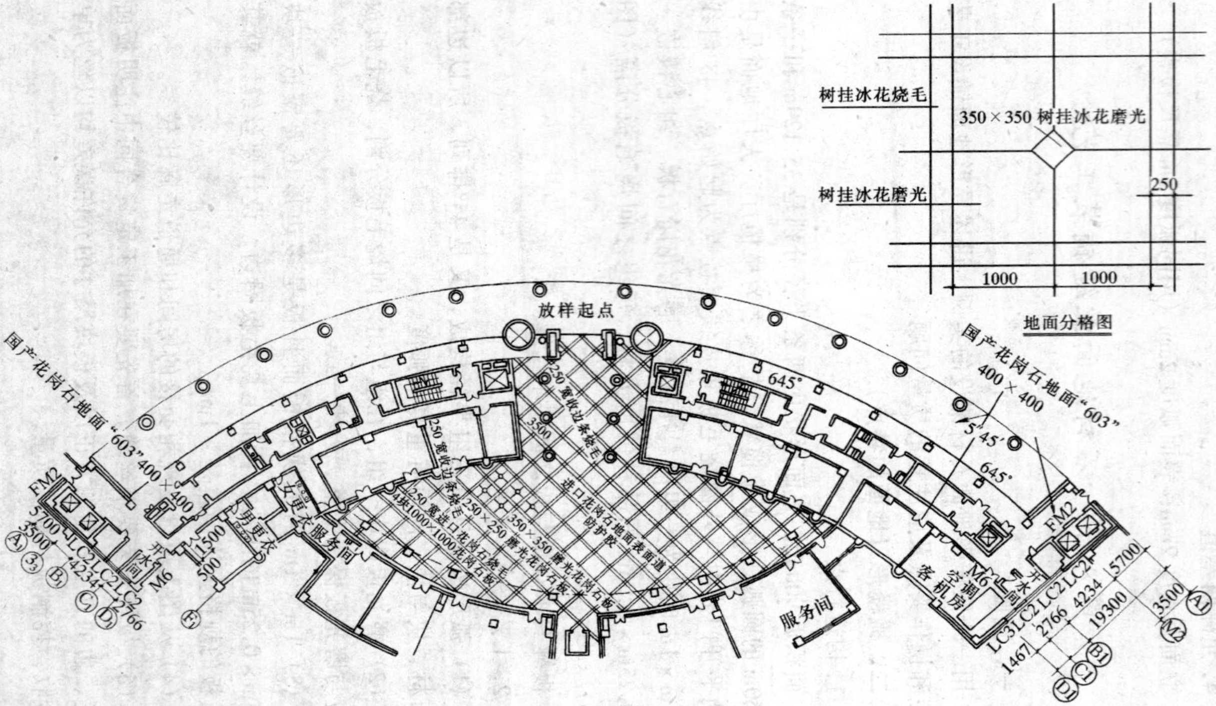

图 5-15 椭圆形石材地面

三、工艺流程

基层清理→抄平检验相交地面面层标高→预埋的设备管线铺设→基层浇水→做灰饼、冲筋→修补垫层→弹分块线→铺装地面→灌缝→清扫→养护。

四、操作要点

（1）基层的浮浆杂物全部清理干净并剁毛。

（2）抄平的平线用不干胶带粘贴在相关的墙面上为水准线标识。

（3）抄平检查相邻的室间地面和走道地面标高，如出现差错应记录并报相关部门解决。

（4）预埋的管线均应通过隐蔽验收，并将所有的盒、管口都封堵。

（5）浇水润湿，但不应有集水。

（6）做灰饼：其间距不应超过 1.60m，以 40mm 为铺饰面板的标准厚度，超出部分如在 25mm 以内用 1:2 水泥砂浆打平。超过 25mm 就用豆石混凝土找平。

（7）弹地面分格线：将经纬仪支在主入口烧毛板的交点上正视石材幕墙的中心，而后翻到地面上弹中线，用尺量的橄榄厅的纵向的中心点，支经纬仪转 90° 然后倒镜，横向与纵向的中心线相交形成厅的十字线转 45° 画 45° 分格线，就此排列。

（8）铺地面：用激光水准仪支在中心为铺设地面人员提供了随铺随检查的条件，但是由于激光仪线较宽，所以铺地面往往用水准仪。

（9）从中心点开始向两侧分，随铺板随着检查。

（10）先铺四块一组铺完后立即铺心板。如果当时不铺心块应将心块中的砂浆取出来。

（11）铺弧线部位的地面时，先用三夹板，对应准备铺设的部位套模板，依模板切割石材。

（12）大厅石材地面与其他房间和走道地面一律交在门的裁口部位。

（一般的操作过程这里不再重复）

（13）拼装石材的工艺要点

1）排板图：应通过实测实量，记录装饰面层的实际误差值。在排板图上进行分配和消化。

2）石材的加工定货：应选择有计算机数控能力的加工厂家。而且周圈弧线板一律套实样，在加工厂切割。

3）基层平整度应用水泥地面的标准验收。

4）铺设时应有激光仪或水准仪配合施工，每块石材都要经过仪器的检验。不符合标准应立即拆除重新施工。

第九节　室内艺术灰线抹灰

一、范围

适用于室内顶灰线、灯饰灰线、立柱灰线、门套灰线以及室外水泥腰线、门套线等。有四道"唇"的简单灰线，也称之为小型灰线，这里讲的主要是多道唇的繁杂灰线即中型灰线或大型灰线。

二、工艺流程

引水准线、弹灰线下口线→贴灰饼→粘贴下靠尺→放模具划线粘贴上靠尺→抹头道粘结层灰→抹第二道垫层灰→抹第三道出灰线灰→抹第四道罩面灰→接阴阳角

三、扯顶棚复杂线角的操作工艺要点　（图 5-16，图 5-17）

（1）一般简单的灰线抹灰应待墙面、柱面、顶棚的中层灰抹完后进行。多边唇的灰线应在墙面、柱面的中层灰抹完后，顶棚抹灰前进行。多唇的中型灰线或大型灰线也可以在墙面、柱面或顶棚抹灰前进行。

如果在墙、柱、顶面抹灰前作中型或大型灰线，必须先将墙顶柱找平套方，而后抹灰饼，并在灰线位置打底灰、中层灰、贴灰饼、作灰线。

（2）灰线下唇线弹完之后应检查通顺，粘贴水平靠尺，将四

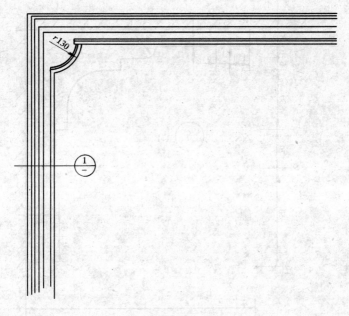

r130

$\dfrac{1}{-}$

图 5-16　顶棚复杂线角

周墙面靠尺稳定好，再检查靠尺的嵌接是否通顺。

（3）扯灰线的模具分为死模、活模两种。模子的线型、棱角都应符合设计要求。

1）死模抹灰在墙面及顶棚上固定靠尺，死模应卡在靠尺之间，但靠尺应留一段缺口，以便死模取出。抹灰线时一人将灰浆盛于喂灰板上拿到灰线位置，一面推压喂灰板，一面向前扯灰，使抹灰的砂浆抹上去，死模紧跟喂灰板后面扯灰，使抹灰砂浆表面扯成设计线型。最后死模从靠尺缺口处取出（图 5-18）。

2）活模抹灰：只在墙上固定靠尺即可以操作，活模的一端压在靠尺上用双手拿住，挦出灰线。活模在任何部位都能取下，多用来作灯光灰线（图 5-19）。

（4）安装死模：下靠尺粘贴牢固后将死模坐在下靠尺上，用线坠挂直线，找正死模的垂直角度，然后靠上头外测定出上靠尺

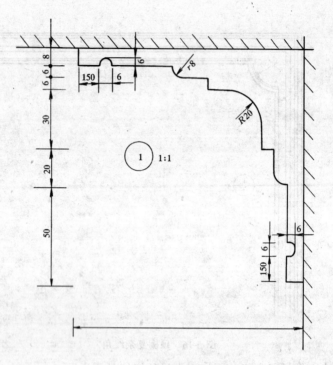

图 5-17　顶棚复杂线角剖面

的位置线，按线将上靠尺粘贴牢固。粘贴靠尺时注意两端留出进出模体的空档。

图 5-18　死模图

图 5-19　活模图

（5）室内的灰线一般为四道成活：第一道粘结层用 1:1:1 混

合砂浆薄薄地抹上一层；第二道是垫层，用1:1:4混合砂浆略掺麻刀；第三道为出灰线，用1:2石灰砂浆；第四道为罩面灰，用纸筋灰两遍完成，注意第二遍纸筋灰应过筛。也可用石膏浆罩面。罩面灰控制在2mm厚左右。大型灰线用1:1:4混合砂浆略增加麻刀掺量，分层抹。其厚度根据灰线尺寸来确定，应在隔夜之后抹第三道灰要防止上一次抹灰过厚，出现空鼓。

扯灰线用的垫层灰要求其稠度值尽量小，灰浆尽量用人工搅拌，一定要严格控制用水量。这样才能增加每次抹灰的厚度，又能避免灰线抹上后开裂。

(6) 开始抹灰线，为了保证质量要分层进行。遇到较厚灰线，垫层需几天才能抹起。所以不要在抹第一道前就粘稳靠尺，一般在抹出灰线前粘尺即可，粘尺的水平线必须由水准线向上量，不允许用顶板线向下反尺。

(7) 抹中、大型灰线第二道灰是堆塑造型的关键工序，一般用1:1:4混合砂浆略掺麻刀，要求稠度值比较小，灰浆多用人工拌合，严格控制加水量，能增加每次实抹的厚度，又能避免灰线扯抹上之后开裂。

(8) 第三遍灰应当开始出灰线，为了避免开裂，应在第二遍灰抹完之后养护一天再抹第三遍灰。用1:2的石灰膏砂浆略掺水泥薄薄的抹一层，形成灰线棱角，线条要基本整齐。

(9) 抹第四道罩面灰：其厚度2mm，分二遍抹。第一遍是普遍纸筋灰，第二遍用窗纱筛子通过的细纸筋灰。也可以用石膏灰抹，石膏灰中宜掺入适量缓凝剂，控制在15~20min内凝结。

(10) 操作时一人在前将灰装在喂灰板上，双手托起，使灰浆贴紧灰线的出线灰上，并将喂灰板顶在死模模口进行喂灰，一人在后推死模抹灰线。推模及喂灰操作动作要协调一致。喂灰板依靠模的推动前进。死模只能向前推不能后拉。模头及模底板下面小木条都要始终靠在上下靠尺上。推模用力要均匀，使死模平稳地沿轨道缓缓向前（图5-20）。

(11) 依据规范抹灰厚度超过35mm（包括35mm）应有加强

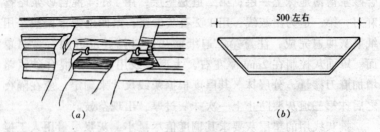

图 5-20　抹灰线操作图
(a) 喂灰操作图；(b) 灰线角接尺

措施，所以中、大型灰线的基层钉钢板网，扎麻既减少裂缝又防止脱落。

四、抹灰线角接头工艺要点（攒角）

灰线接头又称为攒角，操作难度大。它要求与四周整个灰线镶接互相贯通，与已经扯制好的灰线棱角尺寸大小、线的形状成为一个整体。

1. 接阴角的操作工艺要点

当厅堂灰线抹完顺直部分之后，切齐甩槎、拆除靠尺，而后进行两条对应的灰线接头，依据已作好的灰线上边框两侧弹线相交在顶板上，应与墙体阴角通顺而后用抹子逐层堆塑，边堆边用小压子修理，方尺套方。当抹上出线灰和罩面灰之后，用阴阳角抹子、勺型抹子、铁皮和小压子按已成活的灰线为模具刮揉，使之成型。灰线即将通顺时，两手要端平接角尺，手腕用力均匀，待灰线接头基本成型，再用小压子等工具进行修理成型，使它不显接槎，最后再用排笔蘸水刷一遍使之光滑通顺。

2. 接阳角的操作工艺要点

(1) 接阳角前，首先要按阳角两侧已成型的灰线顺直上道框线交在顶板上，下边框线交在柱梁上，确定阳角立灰线的位置，统称为"过线"。

过线后用方尺校核，用线坠吊在顶板线相交的阳角上，观察灰线的阳角与墙、梁、柱阳角是否通顺，如果不通顺应检查两侧灰线是否一致，而后修理到通顺为止。

（2）操作时，首先用砂浆将两边阳角与柱垛结合齐，并严格控制，不要越出上下的划线，再接阳角柱、垛。抹灰时要与成形灰线相同，大小一致，抹完后应仔细检查阴阳角方正，并要成一直线。

五、抹扯顶棚复杂灯光线工艺要点

抹扯顶棚复杂灯光线是厅堂的修缮工程中常见到的项目工程，是以灯为圆心，构成多层次的圆弧线或勾画出花朵形状。

1. 准备工作

（1）材料

1）水泥：一般使用强度等级 32.5 的普通硅酸盐水泥，并在经过复试，其强度等级、安定性、初凝时间均符合要求。

2）砂子：选用中砂和通过 3mm 直径筛子的细砂，含泥量不超过 3%。

3）石灰膏、纸筋灰、细纸筋灰（春光灰）、纸筋灰经过反复搅捣、滤去粗纸筋，就是春光灰。

4）麻刀，要打开。

（2）工具：模具（模具的形状和套数依据设计的造型决定），大小抹子、木抹子、压条、阴阳角抹子、铁皮、勺型抹子、墨斗、刮刀、圆规等。

（3）基底条件：顶板的基层已经抹完或者是抹平，灰层与基层粘结牢固，表面粗糙，环境温度在 +5℃ 以上。

2. 操作工艺流程

顶棚第二遍灰抹完→定圆心→打楔→钉圆心钉→依设计图划圆→抹扯外圆弧毛坯→抹扯外圆弧出线灰→抹扯外圆→弧形纸筋灰面层→抹扯内圆弧→抹内外圆弧之间的板面。

3. 操作工艺要点

应当在顶板抹纸筋罩面灰之前做灯光线条。

（1）位置、尺寸、造型，线的层次都应符合设计要求。扯灰线前先检查确认模具的线型，棱角符合设计要求。

（2）定出圆心后依据半径尺寸和线条的唇数在顶板上放线。

（3）如图是同心圆，依据设计确定的半径制作长把活模，其中长把的一端是钉眼，一端是活模，钉眼距活模端为圆的半径。如果是花边形，应先在顶棚上放实样，通过实样确定活模把的长度。

（4）使用纸筋石灰膏（略掺石灰膏）拌制的砂浆，抹在垫层灰上，将长把活模套入圆心钉孔，另一头在外圆弧的分界范围内随时扯动，边抹边扯动，一直将圆弧灰线基本扯成。

（5）用铁皮清除圆弧交接处的眵目糊，使交接处的线条清晰。

（6）也可以用石灰膏拌制的细砂浆抹扯外圆弧出灰线，其操作方法是：边扯动活模边添砂浆，直至扯出棱角，然后清理相邻圆弧的交接处，使之连接处与圆弧线型一致，并要求相邻两圆弧的内外圆弧，交接都在分界线上。

（7）设计是内外圆弧，其操作方法：如是两次抹扯成时，可使用纸筋灰淋制的春光灰作为第一道抹扯初步扯出棱角，待吸水后再抹第二遍春光灰，然后反复扯动活模到灰线棱角整齐光滑、清晰为止，再将活模清洗干净，用空活模扯动多次，要求一气呵成，线角表面丰满，棱角清晰、光洁。

（8）最后使用与面层相同的材料，抹内外圆的间隙，压实压光。

六、质量标准（依据"首届中国青年奥林匹克技能竞赛题"）

1. 第十套练习题（灯饰线）的有关质量注意事项（图 5-21）

（1）模型抹灰要无空鼓、无裂缝、无麻面，圆势过渡平顺，表面平整度允许误差 ±1mm。

（2）制作限定时间 11h。

（3）表面光滑洁净、色泽均匀、厚薄一致，线条清晰美观。

2. 第一套练习题（阴角抹灰）的有关质量注意事项

（1）模型要求阴阳角方正，圆弧光滑。

（2）本题主要是考核基本技能。

（3）要求无空鼓、无裂缝、无麻面、无接槎痕、无抹纹，线条清晰美观。

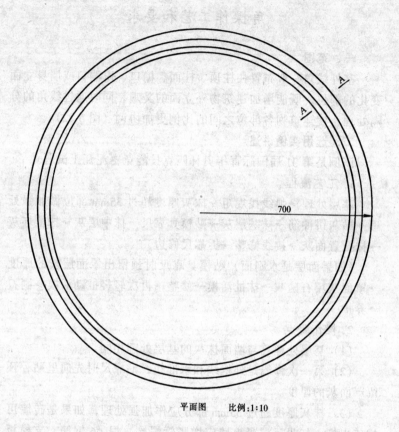

平面图　　比例:1:10

A-A　比例:1:1

图 5-21　灯饰装饰线图

第十节　抹扯室外复杂装饰线角操作工艺和要求

一、范围

室外线角一般布置在柱顶、柱面、檐口、窗洞口或墙身立面变化的部位，既能增加建筑物外立面的美观，同时通过线角的分隔处理，使建筑物各部位之间的比例更加协调（图5-22）。

二、选用实例讲述

该例是第31届国际青年奥林匹克技能竞赛泥瓦工试题。

1. 工艺流程

基层处理→弹线找规矩→抹灰厚度超过35mm部位做加强处理→贴灰饼冲筋→抹基层灰→贴模具靠尺→抹中层灰→抹扯坯灰→抹扯置面灰→接线修整→拆靠尺修边

（如果面层是水刷面）贴模具靠尺时预留出罩面层灰的厚度→罩面灰用石碴灰→抹扯活模→修整→再次轻轻扯动活模→刷石→养护

2. 操作要点

（1）基层处理：与墙面抹灰的基层处理相同。

（2）第一次弹线是外框线和水准线，贴靠尺时先向里贴，预留罩面灰的厚度。

（3）抹灰厚度超过35mm部分应作加强处理，如果是砖墙可挑砖出檐，如果是混凝土墙应增胀管螺栓，焊 $\phi6$ 钢筋，支模板浇筑细石混凝土或者钉钢板网，分层用石碴砂浆抹出毛坯灰预留出20mm抹面层灰层即可。

（4）1:3水泥砂浆打底，1:2.5水泥砂浆抹中层灰同配比砂浆抹扯毛坯线角。1:2水泥砂浆罩面。（如果是水刷面，其罩面灰应改为1:0.5:2水泥、石灰、石碴灰或1:0.5:2.25水泥、石膏、石碴灰）砂浆的稠度以5~7cm为宜。抹灰时一次抹灰厚度不超过9mm，应分层抹而且抹完之后表面应划毛。

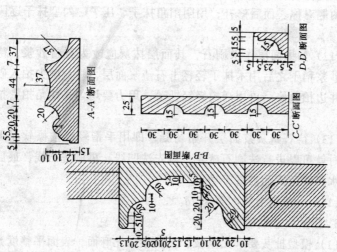

图 5-22 室外线角图

（5）贴灰饼首先要校核柱顶和柱基的位置，柱身的垂直度与挑檐上面柱基之间中线的通顺，挑檐平直、各唇口通顺。造型尺寸与设计相符。

（6）操作程序由上向下从弦脸到挑檐而后柱、帽、柱、基、柱身（如果是刷石面层柱、基，最后施工），如图5-23所示。

（7）每个部位采用活模或死模均应有两套模板。其一是罩面灰之前的模板，其二是包括了罩面灰厚度在内的模板。两套模板尺寸差20mm，为罩面时粗抹与细抹之间的厚度差。

（8）固定各部位的滑道，选用活模固定一条滑道即可，选用死模应固定上下滑道，应有模板的进出口。死模应有喂灰器。

（9）待毛坯成型后再检查造型尺寸、规格、方正。检查无误更换抹罩面灰的模具，待毛坯的水泥砂终凝后（一般隔夜之后）可以开始拉扯模具抹面层。

（10）抹面层灰之前应先洒水湿润毛坯，然后薄薄地刷一道素水泥浆增强结合层，并立即用铁皮抹子将面层砂浆抹压上去，而后扯动活模。

（11）脱模之后应达到立线垂直，水平线平直，弧度准确，弧的两侧对称。而后修补，用阴阳角抹子、压子、勾型抹子逐段修补。

（12）如果面层作水刷石，其面层抹灰应改为石碴砂浆，待石碴砂浆稍干之后用木抹子轻轻击石碴浆面层，将石碴尖拍入砂浆内并边拍边修。再用活模轻轻扯动，用力要均匀将线角拍密拍实。

（13）待石碴灰浆面层开始初凝，即用手指轻轻按捺软而无指痕时就可以进行洗刷石碴浆。应先洗凹线，再刷洗凸线，最后用清水将线角表面冲洗干净。

（14）一般应当洒水养护7d。

3. 质量注意事项

（1）模型扯灰要求无空鼓、无裂缝、无麻面，表面平整度允许误差为±1mm。

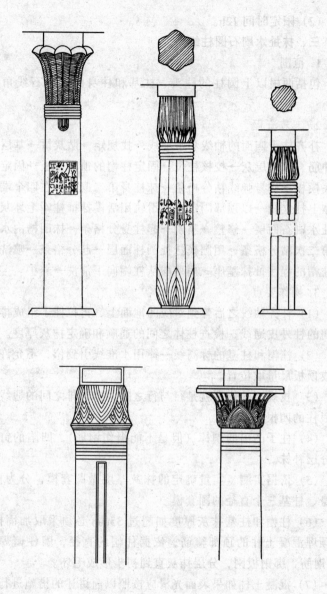

图 5-23 灰线造型柱示意图

（2）限定时间 12h。

三、抹扯水刷石圆柱线角

1. 范围

包括两根以上圆柱的柱头、柱基和柱身的水刷石线角和凹槽。

2. 工艺流程

补齐柱子四面的轴线和水准线→找规矩→贴灰饼→基层处理→冲筋、抹底层灰→校核柱位→固定柱帽的顶圈模板→固定柱子基底模板→柱身弹线粘分格条→抹柱身第二遍灰→在四个端头的柱体上挂立线→以顶部固定模为滑轨用活模抹扯柱帽毛坯灰线→抹扯水刷石面层→修整→喷刷→起柱身分格条→抹凹槽内水刷石→第二次粘分格条→用圆模抹扯圆柱面层→起分格条→喷洗→重复柱帽的程序扯抹基座→用草酸从柱帽向下清洗→养护。

3. 操作要点

（1）补齐轴线之后弹到对应的地面上，再拉柱子组成排或行之间的柱外皮通线，检查柱体之间的通顺和确定抹灰厚度。

（2）柱帽和柱基的标高线一律用水准线引到位，不允许从地面或顶板尺量取位置。

（3）找规矩的依据就是行与行之间、排与排之间的通线以及每根柱的四根立线。

（4）柱子凸出的剔掉（但是不能损伤钢筋），凹陷的钉钢板网分层补抹。

（5）依据实测、实量确定的抹灰厚度做圆套模，分为柱帽、柱身、柱基三个直径的圆套模。

（6）柱帽和柱基抹灰厚度如超过 35mm 必须采取加固措施，如预埋混凝土柱的顶部箍筋，依据柱帽的直径、围柱帽焊数根 $\phi 6$ 钢筋，绑钢板网，分层抹灰直到初步形成毛坯。

（7）混凝土柱如果表面光滑应按照以前讲述的措施进行粗糙化或毛化处理。

（8）模具的加工可选用死模或活模，但各部位的模板都需要制作两套，其中一套是按抹面层之前的尺寸制作，另一套是以面层外皮尺寸加工。

（9）依据柱体立线在顶板上弹划出柱帽外皮线，按线在顶板上固定圆套模，如用死模作柱帽线角，顶板上的圆套模即成为上靠尺。如用活模，其顶板上的圆套模即成为柱帽线角的轨道。

（10）选用活模将模的上部靠在圆套板上，下部靠在柱身顶部，对基层砂浆逐段进行检查校核，要求彼此有 20mm 左右的空隙作为抹灰层的厚度，空隙过大应分层补抹，否则剔凿修补。

（11）1:3 水泥砂浆打底采用 1:2.5 水泥砂浆抹扯毛坯线角，操作时用力要均匀，保持活模板的垂直，直至柱帽毛坯成型并要划毛。

（12）柱身按分格位置弹竖向分格线，粘分格条用柱身圆套板校核分格条的尺寸，检查无误之后抹垫层灰，而后起条子。

（13）采用与做柱帽相似的方法抹柱基毛坯灰。

（14）柱帽在罩面层之前洒水润湿而后涂 108 胶掺素水泥浆，随即抹 1:0.5:2 的水泥、石灰、石碴灰，用铁皮和压子抹上而后用活模扯动成型，一人在后面修理（活模不能倒退，否则将抹好的灰脱落用压子、阴阳角和勺型抹子以及铁皮修理）。

（15）面层灰收水后用木抹或压子轻轻拍打将石碴的尖棱全部拍到灰浆内，边拍边修棱角、通顺平整。再用活模轻轻扯动直至面层稍有水泥浆即可。

（16）当水泥石碴浆表面无明水感时，先用水刷去表面一层的水泥浆，然后再用活模放在石碴浆的面层并轻轻击木模背部，便其击出浆水来，用压子压实，将唇边线角面层压实。

（17）待石碴灰初凝后，用手指轻轻按捺软而无指痕，就可以开始先将柱帽凹槽内石碴刷洗，而后再刷洗凸出部分，先用软毛刷子蘸水刷掉面层水泥浆，然后用毛刷刷掉表面浆水后，立即用喷壶或喷雾器冲一遍，并按顺序进行冲洗使石粒露出 1/3 后，最后用清水将线角表面冲洗干净。

（18）柱身刷石也是先作凹处，后作面层，起条子先抹凹处，做法是：先洒水湿润基层，涂108胶素水泥浆，抹石碴灰，手指轻轻按捺软而无指痕，就可以开始将柱身凹槽内石碴刷洗，之后再塞条子抹柱身面层石碴灰，手指按捺软而无指痕开始刷洗。最后仍然按上述作刷石的程序依次作柱基刷石。

（19）养护：全柱的刷石做完之后，水中掺少量草酸从柱帽开始向下清洗。最后是每天洒水养护，应保持7d以上。

4. 圆柱抹带线角的水刷石的质量

（1）造型及规格尺寸必须符合设计要求。

（2）所用材料的品种质量应符合设计要求。水泥应做强度初凝时间及安定性的复试报告。

（3）各抹灰层之间及抹灰层与基体之间必须粘结牢固，无脱层、空鼓和裂缝等缺陷。

（4）表面石粒清晰，分布均匀，紧密平整、色泽一致，无掉粒和接槎痕迹。

（5）水刷石允许偏差：

1）立面垂直，采用2m托线板进行检查允许偏差不大于5mm。

2）表面平整，采用2m的靠尺和楔尺进行检查，允许偏差不大于3mm。

3）阴阳角垂直，其允许偏差不大于4mm。

4）阴阳角方正，其允许偏差不大于3mm。

第十一节　粉刷石膏抹灰

我国一直习惯用石灰砂浆或混合砂浆作为室内墙面或屋顶板的抹灰层，但是，用石灰作抹灰层材料存在一些缺点，如需要剔除较多的杂质，抹灰层表面容易开裂，硬化慢，生产石灰的能耗高，在国外，由于石灰的价格比石膏高，因此，一般工业发达国家多以石膏作室内抹灰材料，称为粉刷石膏，它是由熟石膏粉（包括半水石膏、Ⅱ型无水石膏）掺入各种外加剂和集料组成的胶结料。图 5-24 是日本专家在做石膏薄抹灰经验传授。

图 5-24 (a) 抹粉刷石膏图

图 5-24 (b) 抹粉刷石膏图

一、粉刷石膏的特性

粉刷石膏与传统抹灰材料相比，具有以下一些独特的性能：

（1）节省能源：在石膏、石灰和水泥三大胶凝材料中，其能耗的比值大体为1:3:4，可见石膏是一种低能耗的材料，而我国又是世界上石膏储量最大的国家，所以，大力发展石膏制品是符合国情的。

（2）凝结快，施工周期短：采用传统材料进行墙体抹面后，要1~1.5个月才能进行墙面的装修，如果用粉刷石膏只需1~2周，即可进行下一道工序的作业。如采用机械喷涂，施工效率更高，可达80~120m²/d，所以，粉刷石膏特别适合抢工或低温快速施工的需要。

（3）粘结力好，强度高：在各种基层上抹面，均不裂纹、不掉灰，不起鼓，表面光洁。

（4）防火性能好：粉刷石膏抹面2cm，耐火极限可达2h以上，如采用粉刷石膏加上一层玻纤网格布，可使钢筋混凝土的耐火极限提高到3h。

（5）自动调节湿度：在环境相对湿度大时，可以吸湿，干燥时又可放出湿气，即通常所说"呼吸作用"。

作业条件：

（1）结构验收合格。

（2）水电管线施工完毕，各种洞口堵好。

（3）门窗框及其他木制配件安装完毕。

（4）施工现场及墙面清理干净。

（5）加气混凝土块墙面提前浇水湿润（其他墙面不需要浇水润湿）。

（6）施工温度0℃以上。

（7）电压380V±5%（机械喷涂）。

（8）其他作业条件同一般抹灰工程。

二、手工操作

（1）搅拌：先准备好大桶，然后，将粉刷石膏粉倒入桶内，边加水边用搅拌器搅拌，直到稠度合适，停止加水，一般情况下 100kg 粉加 30 ~ 40kg 水（图 5-25）。

图 5-25　搅拌石膏稠度图

（2）薄抹灰可直接用面层粉刷石膏。如基层平整度太差，抹灰层较厚时，可先用基底型粉刷石膏打底，用面层型粉刷石膏罩面；或用混合砂浆，白灰砂浆打底，再用面层型粉刷石膏罩面。两种材料配合使用也可。

一般普通抹灰，基底型粉刷石膏可一次成活。

（3）将粉刷石膏抹在墙上或甩在墙上，然后，用大杠和刮板找平，涂抹过程中如出现毛刺现象，可采取边刷水边压光的操作方法，随时用靠尺检查墙面的平整度和垂直度，及时进行调整。

（4）墙面冲筋最好冲竖筋，宽度为 50mm 左右。

（5）因使用材料相同，护角可与墙面抹灰同时进行；顶棚抹灰可与勾大板缝同时进行。

普通抹灰质量要求：

（1）抹灰层与基底结合牢固，不得有空鼓、起泡、裂缝和漏压等缺陷。

（2）接槎平整，阴阳角平直方正，颜色一致，表面光滑、细腻、美观整洁。

（3）预留洞口方正、平整。

（4）其他同一般抹灰要求。

（5）墙面粉刷石膏的允许偏差见表5-2。

墙面粉刷的允许偏差　　　　表5-2

项　目	实测项目	允许偏差（mm）	检验方法
1	立面垂直	5	用2m靠尺检查
2	表面平整	4	用2m靠尺检查
3	阴阳角垂直	4	用2m靠尺检查
4	阴阳角方正	4	用方尺检查

注意事项：

（1）保持室内的良好通风条件，加快饰面干燥。

（2）掌握凝结时间，控制粉刷石膏的拌和量，以免造成浪费。

（3）掌握喷涂面积，以利保证压光与交活质量。

（4）施工完毕后，应将抹灰工具清洗干净。

（5）如有受潮硬块时，应过筛使用。

第十二节　石材雕塑工艺

一、雕刻琢磨技术

古建石作中，剔凿花活是一项很精致的传统技术。如栏板、望柱、抱鼓石、须弥座、踏跺石、御路石、滚墩石、券脸石、券窗、什锦窗、吸水兽面、夹杆石、陡匾、绣墩、水沟盖及馒头鼓子等，为了美观，大多数雕刻花草、异兽、流云、寿带、如意头、古老钱和联珠万字等花活，雕花匠师们在这方面有许多卓越的技术成就。

1.说明与要求

雕活选料与其他工序的选取料标准相同，汉白玉石应特别注意有无"流沫子"（即质地较好的石料）。

设计画谱时，应注意不同的纹样（大小花纹），不同的部位（高低或阴阳面），同时要照顾到光线及视线角度，力求使光线效果突出，花形显明。

操作时，锤权轻、錾要细、斧要窄，要根据不同的操作部位使用适当的工具。例如汉白玉在扁光前找细的时候，可用锯齿形扁子进行加工（锯齿形扁子，就是用原来的扁子过火，用钢锯拉成锯齿形状）。凿錾时，锤落錾顶要正，不要打偏，以免錾顶被锤击碎掉碴击伤人身。錾顶钢性要柔，如过硬时，錾顶部分该回火。

雕活时要注意花筋、花梗、花叶的特征和飞禽、走兽、虫、鱼的神情动态等等，精心刻画，一定要表现出画谱意匠（图5-26）。

2.质量要求

各类花形，如花梗、花叶，比例的大小，各种动物的骨气神态，均应符合画谱的要求，阴阳画、凹凸深浅必须明显，使花形活泼生动，线条流畅有力。

汉白玉石和青白玉石都是上等石料，扁光后，不准显露扁子印或錾痕，才能显示画面的纯净光洁。

3.技术安全

雕刻前要搭工作棚，以防雨淋、日晒、污染雕活，錾活时，要带好防护眼镜、口罩、手套、套袖、坐

图 5-26　石雕图

垫等，做雕活时只带眼镜和坐垫，其他设备可不用。

4.工艺流程及操作要点

（1）操作工艺是：选料→下料→找好平面→放线找方→大面或多面剥荒找平→过谱子（即托印画谱）→錾子穿线→雕刻成型→刻落空地→琢磨光面→扁光打磨→检查成品。

（2）操作要点是：选料及下料完成后，在初步找好平面的基础上，放线找方，四面齐放，形成符合设计规格尺寸要求的规格料石，按设计或画谱要求的规格预留花脸，四边要扁光作细，用平尺靠平。在大面或多面进行剥荒找平一遍。必要时进行磨交，将设计图纸或画谱按图纸进行1:1的比例放大，预先画在牛皮纸上，然后将设计或画谱上的线逐一用粗针刺眼，针孔距离一般为3mm。先用湿布在石面上湿润一遍，以利印染画谱，再将牛皮纸上的画谱平稳铺在石面上，用手抹稳不得移动或者用胶带进行固定。此时，用粗布或多层砂布包好红土子向牛皮纸上微拍一遍，使红土子印用墨笔描画成图，即"过谱子"过完画谱检查无误后按照所描画谱线，先用水或细錾子进行穿线，顺线穿小沟一道。再刻镂空地，其深度要符合设计规格或画谱规格的要求。

根据画谱的匠意，要特别注意分清阴阳面，阳面系指翘起部分，阴面系指花形、鸟兽、人物的低洼部分。花朵、花叶、鸟兽及人物面部要随形状作细。

二、汉白玉浮雕安装

1.范围

依据图5-27，在石材弧型幕墙外饰面上镶贴汉白玉花饰浮雕。

汉白玉浮雕重量较大，每块都在数百公斤以上，安装方法采取的是挂锚、贴相结合。

2.施工工艺

套样板→焊销锚件→（安装幕墙石材饰面板之后）→量尺、划浮雕轮廓线→试挂汉白玉装饰件→涂胶→安装汉白玉装饰件→紧螺母→调环氧树脂加石粉膏状材料→堵螺栓孔→清扫板面→勾缝。

图 5-27 石材浮雕墙面图

3.操作要点

（1）样板是用五夹板或三夹板制作的 1:1 实样轮廓。

（2）销锚件：由于汉白玉石材重量大，一般采用 $\phi16$ 以上 L 型钢焊在结构件上，其焊缝的长度应在 100mm 左右，锚入浮雕内的长度应根据乳雕的重量与造型的厚度定。每块浮雕不得少于 3 根销锚件，目的是为了三点固定。所以三根销固件应三角形分布，除承受剪力外浮雕上部的销固件承受拉力，下部的销锚件承受弯距，所以距离焊接点越近越好，应通过计算，一般情况浮雕不得少于 2 根锚固件。

（3）安装锚件：为了防止安装浮雕时在幕墙上打眼造成幕墙基层的空鼓，所以采取了安装幕墙龙骨时就焊上了销锚件，贴幕墙饰面板时钻孔安装，汉白玉浮雕安装前用五夹板实样轮廓，套销锚件位置后在浮雕上打眼。

（4）安装浮雕：浮雕打眼之后试挂无误，即可在背面涂胶，同时在对应的幕墙板面上也涂胶（胶应采用环氧树脂配制的 601 掺入石粉）安装，拧紧销锚件上的螺母。

（5）临时支承：涂胶之后加临时支承，三天之后拆除。

（6）修嵌缝：修理浮雕与饰面板之间缝隙，将多余的胶清除。

（7）清扫板面：清扫之前用塑料布包装浮雕。

4．安装花饰的质量标准与应注意的质量问题和解决方法

螺栓固定法：上述的石材浮雕其重量大，一般多采用销锚的方法，销锚件在浮雕上的位置与销锚件的受力状态有极大的关系，所以其位置应通过设计定位，施工应严格遵守。

5．主控项目

（1）花饰制作与安装所使用材料的材质、规格应符合设计要求。

检验方法：观察、检查产品合格证书和进场验收记录。

（2）花饰的造型，尺寸应符合设计要求。

检验方法：观察，尺量检查。

（3）花饰的安装位置和固定方法必须符合设计要求，安装必须牢固。

检验方法：观察，尺量检查，手扳检查。

6．一般项目

（1）花饰表面应洁净，接缝应严密吻合，不得有歪斜、裂缝、翘曲及损坏。

检验方法：观察。

（2）花饰安装的允许偏差和检验方法应符合表 5-3 的规定。

花饰安装的允许偏差和检验方法　　　　　　　表 5-3

项次	项　　目		允许偏差（mm）		检　验　方　法
			室内	室外	
1	条型花饰的水平度或垂直度	每米	1	2	拉线和用 1m 垂直检测尺检查
		全长	3	6	
2	单独花饰中心位置偏移		10	15	拉线和用钢直尺检查

第十三节 堆塑工艺

在古建筑中凡用抹灰方法制成的花饰都叫"软活"。以砖瓦制成的都叫"硬活"。软活制作手法分为"堆活"和"镂活"两种。

一、纸筋灰堆塑工艺

1. 纸筋灰堆塑工艺流程

照片或图样→绘制实样图→绑扎骨架→分层刮草坯→堆塑细坯
                                                    └→压、刮、磨→┘

2. 堆塑的施工工艺要点

(1) 扎骨架:用钢丝或镀锌低碳钢丝配合粗细麻,按图样先扎成人物(飞禽走兽)造型的轮廓,主骨架用8号低碳钢丝或$\phi6$钢筋绑扎在背脊处,并与屋面上事先预埋钢筋连接牢。

(2) 刮草坯:用纸筋灰一层层堆塑出人物或动物模型。草坯用粗纸筋灰,其配合比为1:2 = 100kg块灰:200kg粗纸筋,将纸筋先用瓦刀或铡刀斩碎,泡在水里加入生石灰沤烂(约4~6个月)泡化料烂后捞起与石膏拌和至均匀,带有粘性后就可以使用。刮草坯每层厚度控制在5~10mm。

(3) 堆塑细坯两度:堆塑细坯两度是用细纸筋加工的纸筋灰,按图样或实样进行堆塑。纸筋灰的加工方法和配合比与前相同,但是细纸捞起后要进行过滤,清除杂质。

3. 堆塑的注意事项

(1) 纸筋灰的配制,必须将纸筋灰捣到本身具有粘性和可塑性时方可使用。

(2) 堆塑时,必须按图精心细塑,切不可操之过急,防止一次堆塑过厚。

(3) 掌握好压实磨光的关键,花饰愈压实磨光,愈不会渗水,经历的年代愈长。

4. 质量要求

（1）应符合设计要求。

（2）无脱层、无裂缝，压、刮应实光。

（3）无渗透水的现象。

二、水泥石粒浆堆塑工艺

1. 实心堆塑

（1）工艺流程：照片或实样→翻制大样图→绑扎骨架→水泥石粒浆堆塑初坯→对照样图或照片检查→细塑面层→养护→剁斧

（2）操作要点：①翻样图应与照片反复校核，确认无误后开始操作。

②绑扎骨架，即要能承受结构力的传递，同时应有构造筋防止开裂。其主筋应用 $\phi18$ 上下的钢筋，构造筋 $\phi6\sim\phi8$，间距不应大于 200mm。

③粗坯所用的水泥石粒浆应是干硬性灰浆，水泥强度等级不低于 42.5，石粒粒径 $2\sim4$mm，可掺 30% 的石膏。1:2 水泥石粒浆。

④细塑面层应分两遍灰，总厚度控制在 20mm 以内，1:1.25 水泥石碴（体积比），塑完压实之后随即用软毛刷蘸水把表面水泥浆刷掉，使露出的石碴均匀一致。面层完成后隔 24h 浇水养护。

⑤剁石、塑完之后在常温下（$15\sim30$℃）约隔 $2\sim3$d 可以开始试剁。石子不发生脱落现象就可以正式剁。

⑥剁石的斧应一个方向使用，保持其垂直或水平，用力要均匀垂直于大面保持斧纹均匀。剁的深度以剁进石碴 1/3 为宜，使成品美观大方。

（3）质量要求：①实物应符合设计要求。

②无空鼓、无裂纹，剁斧纹深浅一致，相互平行，美观大方。

③边部留出的宽度一致。

2. 空心堆塑

与实心堆塑不同之处是在钢筋骨架外侧包钢筋网。其他工艺参照实心堆塑。

三、水泥砂浆堆塑工艺

1. 翻制小品

（1）工艺流程：照片或图样→绘制平、立、剖实样图→绘制模板图→制作石膏模具→组装修模→配制骨筋作骨架→抹凹陷部分水泥砂浆→放置构造筋→刮抹水泥砂浆→抹第三层水泥瓜子石砂浆→养护→翻模→重复抹凹陷部分砂浆，摆放构造筋直到翻模的工艺过程→组装→修理可与照片对照检查修补。

（2）工艺操作要点：①用石膏灰浆堆塑到实样上制成模具。

②实样用比例1:1。应确定连接点位置和安装方法。

③石膏套模制作应试拼组装修整完毕再使用。

④石膏套模使用前应涂上干漆（或防止吸水的涂料）。

⑤骨架是支承和组装模块的结构架。钢筋的直径与间距是依据小品的规格尺寸和姿态决定。

⑥使用的砂浆：基层是1:3水泥砂浆掺入瓜子石，第二遍是1:2.5水泥砂浆，面层是1:1水泥细砂。

⑦从模具的最凹陷部分开始逐层堆塑，每层的厚度不宜超过10mm，面层的厚度不宜超过4mm。

⑧分块组装的连接件位置预埋应准确。

⑨养护10d左右方可以组装，组装之后修理接缝，继续养护。

（3）质量要求：①造型符合设计要求，支承稳定。

②表面光滑通顺，无明显的接痕。

③无裂缝、无空鼓（层与层之间接合牢固）。

2. 堆塑浮雕

（1）工艺流程：照片或图样 → 绘制实样图 → 过谱→白描

基底处理

→ 检查校对 ① 高浮雕 → 安装销子、绑扎钢筋或骨架 → 分层堆塑 → 对照照片检修 →

② 浅浮雕 → 阴线圈边雕刻 → 阳线分层堆塑 → 对照照片检修 → 清理表面 → 养护 → 成品。

（2）操作要点：①基层要求平整无浮浆、油污。应当坚硬、完整、粗糙。

②画谱是先用针在实样图上用针沿画线每隔 3mm 左右一个针孔，而且用湿布擦过基层，将针孔图贴在已擦过的基层上，用色粉包拍打，轻轻撤去图样，用笔连线勾画，称之为白描。

③浅浮雕在阴线部位用錾子穿线，雕刻成型，琢磨光面，阳线部位分层堆塑（每层厚度不宜大于 10mm）挤压实。而后对照照片修理。

④高浮雕先作小样，确定高起浮的比例。

⑤在画面凸起超过 35mm 处安装销子，绑钢筋网及钢板网。

⑥用 1:3 水泥砂浆打底，1:2.5 水泥砂浆为中层，1:1 水泥砂浆作面层，分层堆塑，每层的厚度不宜超过 10mm，否则砂浆内应掺麻刀或其他纤维。

⑦边堆边对照图样或照片校核，粗坯成型后再细细检查确认无误之后用细砂浆堆面层，而后用毛刷蘸水刷一遍，第二天开始用不褪色的棉毯类材料包裹浇水养护。

（3）质量要求：①造型符合设计要求，堆塑尺寸准确。

②层与层之间结合牢固，无开裂、无脱皮，颜色一致。

第十四节　古建筑镶贴常识

我国许多地区在粘贴琉璃瓦、陶品、瓦件等都喜欢使用"漆皮泥"。它的主要原料是漆片，又称泡力士片，它是一种很小的昆虫——紫胶虫分泌出来的胶质物，呈紫红色，所以又称紫胶。这是一种天然高分子材料，溶于酒精，材料重量比为：

酒精:漆片:立德粉 = 100:40:20

近些年多用环氧树脂作为粘贴或粘接陶器玻璃瓦、瓦件。用料的重量比为：

6101 环氧树脂:乙二胺:石粉 = 100:6 ~ 8:20（另加色料）

或 6101 环氧树脂:环氧丙烷:二乙烯三胺:石粉 = 100:10:9:20（另加色料）

一、室内砖地铺设

（1）首先素土夯平或打三七灰土 1 ~ 2 步，或改用 1:2 白灰细焦渣代替，垫层做好后，四角抄平，以黑或红线在墙壁四周弹出水平线，分出行数挂线进行铺墁。

（2）墁砖：用方砖或打砖分为糙墁和细墁。

1）糙墁，掺灰泥（白灰黄土体积比为 1:2 ~ 3）铺底，厚约 1 ~ 2cm，按线自一端开始，用完整砖块，随墁随用白灰面掺黄土面（比例用掺灰泥）扫入缝内灌严。近代常用 1:3 白灰浆砂垫底和灌缝。

2）细墁：先铺底灰厚 10 ~ 20mm，砖块边棱接缝处勾灰，然后逐行逐块进行铺墁，随时用木墩锤击震，将砖缝挤严，令四角合缝，砖面平整。

细墁所用底灰，古代常用纯白灰浆或掺灰泥。近代常用 1:3 白灰砂浆或 1:2 白灰细焦渣，砖棱勾灰用青白麻刀灰比例同瓦顶勾缝。

宫庭中细墁勾缝常用油灰、白灰和生桐油，其重量比为 1:1（或加少许白面）。以竹制宝剑形的抹子，尖挂油灰抹在待墁的砖块接缝处，铺墁后油灰挤在缝内，外露油灰擦拭干净，此种做法称为"宝剑油灰"。

3）磨砖：细墁所用砖块，必须经过砍磨加工。首先用磨石或两砖面相对，将砖正面磨平，再将四个侧面用平尺、方尺找直校正按要求尺寸画线，再以敲平扁子把多余的砖边砍掉，用磨石磨平，底面斜收，砍后砖块呈面大底小的斗形，故称"五剥皮"。

二、砖雕简介

精细别致的一种花饰，有厚薄之分，一层砖至三层砖。选质地均匀、严密、声音清脆的砖，而后确定规格，采用 30mm 宽的薄铁刨刀，刨平草坯、凿边兜方、铺在地面上，组成工作平台，固定挤紧，铺上复写纸，画造形，晒干砖后开始雕刻。要一层层从浅到深逐渐进行，遇到砂眼、缺角、可用同类砖粉拌以油灰（1:4＝桐油:石灰）胶牢修补，经过浆磨光。油灰拌合、用桐油调到可用，满铺在砖背面，进行装贴，镶边收尾。

第十五节　新技术、新工艺、新材料的有关信息

一、概述

工艺技术不是一成不变的。工艺材料是不断向前发展的，新材料的使用、新工艺的介入，新设备的引进以及镶、抹、刻、雕、嵌、涂、磨诸多技法的发展，才使中国建筑装饰出现了"千文万华，纷然不可胜识"的繁荣景象。否则便是只有"四白落地"的一统天下。中国现代装饰就是在传统的工艺基础上，不断引进新材料、新工艺，不断发展新技法的实践中向前发展的。为了建筑装饰的繁荣，为了更加广阔地开拓建筑装饰的新工艺，还要千方百计的革新、发展、创造新材料、新技术。新材料、新技术的出现也会给建筑装饰的表现带来新的面目。新工艺、新技术、新材料的探索是永无止境的，建筑装饰的发展也是无穷无尽的。

二、基层新材料和新技术的介绍

1. 节能型建筑：所谓节能型的建筑，概括地说自重轻和"凡是采用新型墙体材料，在建筑设计、结构、门窗密封、围护结构、屋面材料等方面采用措施，与普通建筑相比，冬季室内温度高 5℃以上，夏季顶层平顶和东西山墙内表面温度不超过室外计算最高温度的建筑即可称为节能建筑"。

至于节能多少，要视外围护结构选用的材料和热工计算的结

果而定。目前轻质空心砖制品、新型墙体就有好多种，如煤渣空心砖、混凝土空心砖、轻质混凝土空心砖以及多孔砖等。但是，有些地方框架外填充墙采用的多为单排孔小型砌块，这不但没节能，反而还要浪费能源。因为孔大就增大热对流的热损失。

6层砖混住宅楼，外墙采用煤砖石多孔砖，外墙内表面采用保温砂浆抹面，屋面保温处理，单层木制门窗，经热工计算得知：外墙造成的总能耗损失的比重为48%，比重还是相当大。因此，新型墙体材料应以降低建筑物外围护墙能耗，并起突出作用的性能。

改变小型混凝土空心砌块的原材料和孔型验算，结果明显地降低了墙体的总导热系数，因此围护结构的保温性能得到了改善。（见表5-4）

不同类型砌块围护结构的热物理性能　　　　表 5-4

| 热物理性能指标 | 孔型（普通混凝土砌块内外抹灰） | | | 复合型式 | | | 综合类型 |
| | | | | Ⅰ | Ⅱ | | |
	单排型	双排型	三排型	内抹灰 20mm（+）保温砂浆 30mm（+）单排孔砌块（+）外抹灰 20mm	内抹灰 20mm（+）复合砌块墙（CPS 型）	内抹灰 20mm（+）复合砌块墙（CPI 型）	内抹灰 20mm（+）三排孔复合砌块墙（CPF 型）
热惰性指标	1.621	1.981	1.761	2.051	2.366	2.209	3.044
总热阻 R_0（m²·K/W）	0.369	0.426	0.452	0.472	0.728	0.532	0.968
内表面最高温度（℃）	39.84	38.64	38.63	38.26	36.60	37.51	35.81
夏季室外最高计算温度（℃）	37.10	37.10	37.10	37.10	37.10	37.10	37.10
内表面最高温度控制值（℃）	37.10	37.10	37.10	38.10	37.60	37.60	38.10

注：1. 验算时外界条件均根据"民用建筑热工设计规程"南京地区参数，西墙、外墙浅色。
　　2. 单排孔、双排孔、三排孔砌块以及复合砌块外形尺寸均为 390mm×240mm×190mm。

2. 采用复合式混凝土砌块围护结构，以北京地区采用的外墙内保温和外墙外保温为例（以下都是在 2002 年 6 月 1 日起执行的规范标准）。

（1）外墙内保温：胶粉聚苯颗粒保温浆料，玻纤网格布抗裂砂浆保温体系（简称胶粉聚苯颗粒保温浆料体系），在外墙内保温工程中的做法。适用于混凝土小型空心砌块、非黏土砖和烧结砖，砌筑的墙体内侧进行保温抹灰施工的工程（图 5-28，图 5-29）。

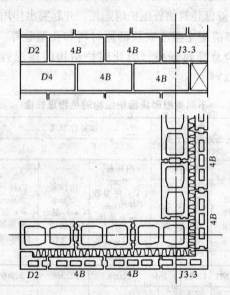

图 5-28　小型空心砖砌块图

（2）外墙外保温：胶粉聚苯颗粒，保温浆料，玻纤网格布抗裂砂浆保温体系（简称胶粉聚苯颗粒保温浆料体系）在外墙外保温工程中的做法：适用于多层及 100m 以下的高层建筑混凝土、小型混凝土空心砌块、非黏土砖和烧结砖砌筑的外墙外保温工程（图 5-30）。

（3）舒乐舍板：是以聚苯乙烯泡沫板作心板，两侧夹钢丝网片，内用斜插腹腔丝连接，外抹水泥砂浆。一般心板厚 50mm，两片钢丝网相距 70mm，网格间距 50mm，每两个网格一根腹丝倾

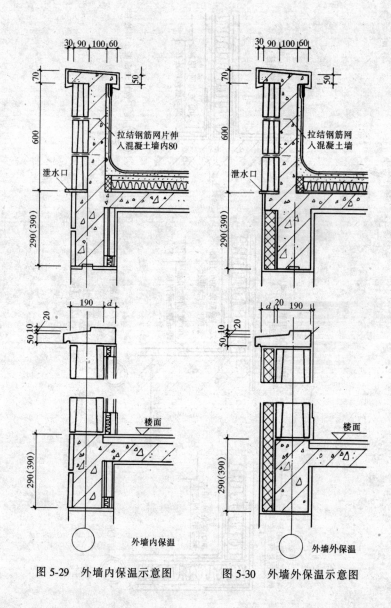

图 5-29　外墙内保温示意图　　　图 5-30　外墙外保温示意图

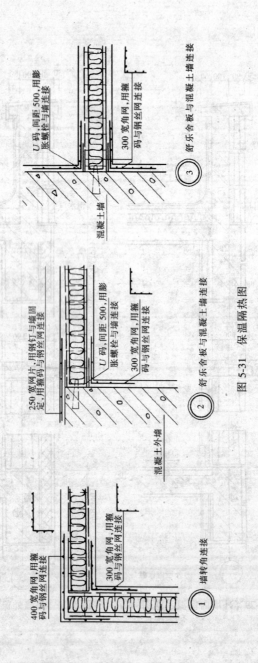

图 5-31 保温隔热图

① 墙转角连接

400 宽角网,用箍码与钢丝网连接

300 宽角网,用箍码与钢丝网连接

② 舒乐舍板与混凝土墙连接

250 宽网片,用钢钉与墙固定,用箍码与钢丝网连接

U 码,间距 500,用膨胀螺栓与墙连接

300 宽角网,用箍码与钢丝网连接

混凝土外墙

③ 舒乐舍板与混凝土墙连接

U 码,间距 500,用膨胀螺栓与墙连接

300 宽角网,用箍码与钢丝网连接

混凝土墙

角 45°。每行腹丝同一方向，相邻一行方向相反。网片钢丝直径 2mm，腹丝直径 2.5mm，一般规格为 1200mm×2400mm。

板材外层铺抹或涂 25～30mm 厚水泥砂浆，形成完整的板材，总厚约 110mm，板两侧外层承受拉力和压力、纵向钢筋网架承受横向力，中间的轻质材料可减轻自重，提高保温效果。有效地利用各层材料。其优点是：承载能力大，自重轻，保温隔热效果好，耐火性能好（图 5-31）。

三、饰面的新材料，新技术介绍

1. 水泥地面自流平的应用

地面自流平材料是 20 世纪 70 年代国外兴起的以无机胶粘材料为基料的一种用地面自找平的新型材料。国外自流平材料分为以石膏为基料的石膏系列和以水泥为基料的水泥系列两大类。材料使用时只需要在现场按规定加水拌和，然后倾倒或浇筑在要施工的地面上，自动摊展流平不需要人工抹压。

石膏系列自流平材料，由于石膏的耐水性差，呈酸性，对铁件有锈蚀的危险。因此，使用范围受到限制。水泥系列流平材料以其强度高、耐磨性强、造价低等特点，在国外地面施工中已被广泛使用。

中国建筑科学院 1991 年立项研究，1993 年底通过科研成果鉴定，正式投入生产，其产品质量已达到日本同类产品标准，是一种实用价值高，应用范围广的新型材料，它可以满足水泥地面一次成型，起砂地面治理，自动找平，地面平整、坚实、耐磨强度高，抗渗性好，不空鼓、不开裂，在地面施工中应大力推广。

2. 室内抹灰粉刷石膏及其应用（详见第十一节粉刷石膏抹灰）

我国从"六五"开始，由中国新型建筑材料公司组织有关专家进行科技攻关，研制粉刷石膏；"七五"期间又将"粉刷石膏系列产品的开发"列为攻关项目。目前已批量生产并在工程上得到应用。

3. 超薄型天然石材蜂窝板

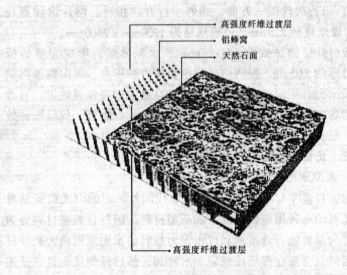

高强度纤维过渡层
铝蜂窝
天然石面

高强度纤维过渡层

图 5-32 超薄型天然石材蜂窝板图

充分利用现代的科学技术将大理石、花岗石切割成 3～5mm 的薄片与铝蜂窝板复合，在两者之间夹上高强度纤维过渡层（见图 5-32），这种材料克服了石材脆和重的缺点，保持了天然石材美观、大方、高雅的特点。质量轻、抗冲击，能制成 1.2m × 2.4m 大规格板。安装方便，费用少，可以粘贴，也可用螺钉固定。

目前仅德国、法国、意大利和美国具有生产这种产品的能力，我国江苏常州已引进法国的先进技术和设备，开发生产，其价格仅为进口的 1/3。

4. 阳角抹灰的塑料护角

墙面、柱面和门窗洞口的阳角传统方法：根据灰饼厚度抹角，找方吊直，用水泥砂浆分层抹平，待砂浆稍干后再用捋角器捋出小圆角，此做法容易产生阳角不顺直，且花费人工较多。针对上述问题出现了一种塑料护角，在国外早已使用，其耐酸、耐碱、耐腐蚀，装运方便，减少施工时间，阳角线条整齐美观。

第十六节　抹灰工程质量通病

一、顶棚砂浆层的分离

1. 分离情况

（1）该建筑物的概况：该建筑物是钢筋混凝土结构，地上 4 层，宽 32.5m，长 97.5m，总建筑面积 12675m^2。一层层高 5.5m，2～4 层层高 4.5m。2 层顶棚和十字梁的砂浆层厚度为 25mm（见图5-33）。

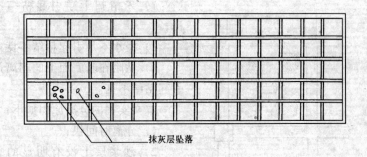

抹灰层坠落

图 5-33　井字梁顶板抹灰示意图

（2）分离情况：竣工之后，在检查混凝土的收缩裂缝时，发现 2 层的顶棚和十字梁侧面的砂浆层有局部分离现象。分离发生在砂浆层和楼板的界面处（见图 5-34）。

一块顶棚　顶棚实际面积 = 2.925m × 2.925m ≈ 8.56m^2；分离面积 ≈ 2.16m^2；分离率 ≈ 25%；分离缝隙 ≈ 0.1～0.2mm。

全部平均　分离面积 ≈ 0.8～2.5m^2，平均 1.6m^2；分离率 ≈ 10%～30%，平均 9%。

2. 对分离原因的判断

顶棚砂浆涂层的分离原因很多，但主要原因有：

（1）由基底混凝土引起的分离

1）基底表面层强度不足引起粘结不良；

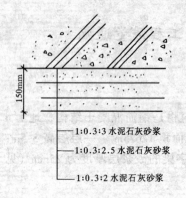

— 1:0.3:3 水泥石灰砂浆
— 1:0.3:2.5 水泥石灰砂浆
— 1:0.3:2 水泥石灰砂浆

坠落

图 5-34 抹灰层坠落现象图

2）基底混凝土干燥收缩和砂浆层膨胀引起分离。

（2）砂浆配合比不当和涂层厚度过大引起的分离

1）配合比不当引起粘结强度不足或收缩过大；

2）涂抹层厚度过大引起收缩过大。

（3）基底处理不当

1）未清扫干净引起粘结不良；

2）浸水不足引起粘结不良；

3）粘附在基底面上的剥离剂引起粘结不良。

本文实例的分离原因如下：

1）分离时间快；

2）砂浆层上没有明显的裂缝；

3）砂浆层形成一块板状；

4）分离的地方是在砂浆层和楼板的界面；

5）因为是室内的顶棚，没有冷热和结冻的影响。

二、通病的现象、原因分析及防治措施

1．内外墙面抹灰类

（1）抹灰空鼓、裂缝、角不通顺

现象：

抹灰打底层与基层或面层与打底层粘结不牢甚至脱开形成空鼓，空鼓使打底层和面层产生拉应力进而产生裂缝甚至脱落；有时，由于砂浆整体收缩性较大，也会导致抹灰面产生裂缝。

原因分析：

1）基层处理不当，表面杂质清扫不干净，浇水不透；

2）墙面平整度偏差太大，一次抹灰太厚；

3）砂浆配比中水泥或石灰膏量少，造成砂浆和易性、保水性差，粘结强度低；砂粒过细，砂中含泥量大；

4）各层抹灰层配比相差过大；

5）水泥砂浆面层直接做在石灰砂浆面层上；

6）没有分层抹灰或各层抹灰时间间隔太近；

7）压光面层时间掌握不准；

8）气温过高时，砂浆失水过快或抹灰后未适当浇水养护；

9）抹灰没找规矩。

防治措施：

1）不同基层材料交汇处铺钉钢板网，每边搭接长度应大于100mm；

2）抹灰前对凹凸不平的墙面必须剔凿平整，孔洞或凹陷处必须浇水后用1:3水泥砂浆分层堵严抹平；

3）基层太光滑时，应凿毛或刷界面剂，随刷随抹。或用1:1水泥砂浆加10%的108胶用硬刷子甩毛；

4）基层墙面应提前浇水，要浇透均匀；

5）基层表面的污垢、隔离剂等必须清除干净；

6）砂浆和易性、保水性差时，可掺入适量的石灰膏或加气剂、塑化剂；

7）水泥砂浆、混合砂浆、石膏灰浆不能前后覆盖混杂涂抹；

8）水泥砂浆抹灰各层必须同是水泥砂浆或水泥用量偏大的混合砂浆；

9）底层砂浆在终凝前不准抢抹第二层砂浆；

10）抹面未收水前不准用抹子搓压，砂浆已硬化时不允许再用抹子用力搓抹，可以再薄薄地抹一层来弥补表面不平或抹平印痕；

11）按要求分层抹灰。

12）抹灰前应贴灰饼、冲筋（图5-35）。

处理办法：

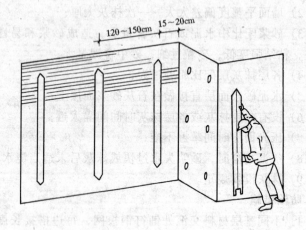

120～150cm   15～20cm

图 5-35　灰饼、冲筋图

空鼓、裂缝部分应剔除，重新抹灰。

（2）外墙抹灰接槎明显，色泽不匀

现象：

外墙抹灰留槎部位颜色分隔明显，造成外观接槎明显，色泽不匀。

原因分析：

1）墙面没有分格或分格太大，容易造成留槎部位过多，位置处理不当；

2）没有统一配料，砂浆原材料，尤其是水泥不是同一厂家、同一批号；

3）基层或底层浇水不匀。

防治措施：

1）墙面按抹灰作业分格，抹面层时应把接槎位置留在分格条处或阴阳角、水落管等处，并注意接槎部位操作，避免发生高低不平、色泽不一等现象；阳角抹灰采用反贴八字尺的方法操作；

2）采用同一厂家、同一批号的水泥和同一产地的砂，并统一配制砂浆；

3）基层或底层要用水浇透均匀；

4）外墙抹灰面应做成毛面。

处理：

对接槎明显部位应用水泥砂浆再薄薄地抹一层来弥补，或刮腻子找平刷涂料。

（3）外墙抹灰分格缝不直不平，缺棱错缝

现象：

外墙抹灰分格缝横向不平、竖向不直，缝线起波浪甚至弯曲，同一标高上不连接的分格缝上下错位，缝口两边掉棱，严重者形成错缝。

原因分析：

1）没有按分格要求拉通线，或没有在底灰上弹水平或竖直分格线；

2）木分格条未浸透水，使用时变形，或未严格按弹线固定位置；

3）分格条多次重复使用，缺棱掉角；

4）粘贴分格条和起条时操作不当，造成缝口两边错缝或缺棱。

防治措施：

1）粘贴分格条前，应在底灰上弹出水平和竖直分格线，且一般水平分格条贴水平线下边，竖向分格条贴竖直线左侧，而且对柱子等短向分格缝，应拉通线找出每个柱子的统一标高，沿通线弹水平分格线；柱子侧面要用水平尺引过去，窗下墙等竖向分格线，几个层段应统一吊线分格；

2）木分格条使用前要在水中浸透，并剔除缺棱掉角的木分格条；

3）分格条两侧抹八字形水泥砂浆作固定时，先抹未压线一侧，当天抹罩面灰压光后就可起出分格条，两侧可抹成 45°坡，若当天不起条的应抹成 60°坡；

4）选用铝合金分格条，固定后不再起出。

（4）水磨石色泽不一致

现象：

水磨石表面色泽不一致，各分格块色泽差异过大，或由于深色色块污染浅色色块而形成"花脸"。

原因分析：

1) 罩面用的带色石子浆所用的水泥、颜料和石子等原料不是同一规格、同一批号；

2) 按配合比兑色灰时，没有统一集中配料；

3) 石渣清洗不干净，保管不好；

4) 同一面层上采用几种颜色色块图案时，几种颜色同时铺设造成深色污染浅色。

防治措施：

1) 同一部位、同一颜色的面层所需原材料必须是同一厂家、同一批号、同一标号、同一颜色，且一次进足。颜料应选用耐碱、耐酸的矿物颜料；

2) 必须按选定的样板配合比配色灰，称量要准确，拌合要均匀。一次配足一个层段或一种色泽水磨石用量的色灰，封好备用；

3) 必须按选定样板使用石渣进行备料，筛去粉屑，清洗后按颜色和规格进行级配，拌合均匀备用；

4) 同一层面上采用几种颜色图案时，先做深色，后做浅色，先做大面，后做镶边，同一种水泥石子浆同时铺设，防止在分格条处深色污染浅色。

(5) 水刷石石子不匀，色泽不一致

现象：

水刷石喷洗后稀散不匀、不平整，或喷洗不干净，崩粒造成表面污浊，颜色深浅各异，甚至颜色花或废水污染墙面，形成"花脸"。

原因分析：

1) 底层灰湿度小，干燥快，石子不易抹平压实，刷压过程中石子在水泥浆中不易滚动使较多石子尖棱朝外，喷洗后显得零散、不平，也不清晰；

2）喷洗时间掌握不好，过早喷洗造成石子脱落，过迟喷洗使石子崩掉且喷洗不洁净，表面看上去很污浊，颜色不鲜艳；

3）原材料品种杂乱，石子不匀，或同一步墙喷洗有早、有迟，造成洗刷不匀，颜色有深有浅；

4）先做低处，后做高处，使废水流淌，污染已施工完墙面，形成"大花脸"。

防治措施：

1）对所用水泥、石子、颜料应选用同一厂家、同一批号、同一标号和颜色，且一次备足料，颜料应选用矿物颜料；

2）抹上水泥石子浆罩面，稍收水后，先用铁抹子把露出的石子尖棱轻轻拍平压光，再用刷子沾水刷去表面浮浆，拍平压光一遍，再刷再压，须在 3 次以上，达到石子大面朝外，表面排列紧密均匀；

3）开始喷洗时要注意石子浆软硬程序，以手按无痕或用刷子刷石子不掉粒为宜。喷洗时，应从上而下，喷头离墙面 100～200mm，喷洗要均匀，洗到石子露出灰浆面 1～2mm 为宜。最后用小壶从上而下冲洗，不要过快、过慢或漏冲，防止面层浑浊、有花斑和坠裂；

4）刮风天不宜施工，以免混浊浆雾被风吹到已做好的水刷石墙面上，造成花脸。

（6）干粘石面层空鼓、裂缝

现象：

底灰与基层或底灰与面层粘石粘结不牢，甚至脱开形成空鼓、变形，因应力产生裂缝。严重时造成饰面脱落。

原因分析：

1）砖墙基层凹凸太大或粘在墙上的灰浆、沥青、泥浆等未清理干净；

2）混凝土基层表面太光滑或残留的隔离剂未清理干净；

3）加气混凝土本身强度较低，基层表面粉尘细灰等清理不干净或抹灰砂浆强度过高，易将加气混凝土表皮抓起而造成空鼓；

4) 施工前基层不浇水或浇水过多而流淌，浇水不足易干，浇水不匀易导致干缩不匀，或因脱水快而干缩等造成粘结不牢而产生空鼓；

5) 抹灰层受冻。

防治措施：

1) 带有隔离剂的混凝土制品基层，施工前宜用 10% 的烧碱水溶液将隔离剂清洗干净。表面较光滑的混凝土基层，应用聚合水泥稀浆（水泥∶砂∶108 胶 = 1∶1∶0.05 ~ 0.15）匀刷一遍，并扫毛晾干。混凝土制品表面的空鼓硬皮应敲掉刷毛。基层表面上的粉尘、泥浆等杂物必须清理干净；

2) 凹凸超过允许偏差的基层，须将凸处剔平，凹处分层修补平整；

3) 粘结层抹灰前。用 108 胶水（108 胶∶水 = 1∶4）均匀涂刷一道，随刷随抹。加气混凝土墙面除按本章第三节的基层处理方法操作之外，还必须采取分层抹灰的办法使其粘结牢固。

(7) 干粘石面层滑坠

现象：

干粘石施工时墙面吸水太慢或有浮水，粘石表面局部拍打过分，以及局部翻浆会造成面层滑坠，待灰层干透后即发展成空鼓。

原因分析：

1) 底灰凹凸不平，相差大于 5mm 时，灰层厚的部位易产生滑坠；

2) 拍打过分，产生翻浆或灰层收缩产生裂缝，引起滑坠；

3) 底灰淋雨含水饱和，或施工时底灰浇水过多未经晾干就抹面层灰，容易产生滑坠。

防治措施：

1) 严格控制基层平整度，凹凸偏差应不大于 5mm；

2）根据不同施工季节、温度，不同材质的墙面，分别严格掌握好对基层的浇水量，使湿度均匀、适当；

3）灰层终凝前应加强检查，发现收缩裂缝可用刷子蘸点水再用抹刀轻轻按平、压实、粘实，防止灰层出现收缩裂缝。

（8）干粘石棱角黑边

现象：

墙角、柱角以及门窗洞口等阳角处粘石有一条明显的无石渣的灰浆线，影响外观质量。

原因分析：

阳角粘石施工时，先在大面上卡好尺抹小面，石渣粘好后压实，返过尺卡在小面上再抹大面，这时小面阳角处灰浆往往已干，粘不上石渣，形成大面与小面交接处有一条明显可见的无石渣灰线。

防治措施：

1）粘大角时应安排技术熟练的工人操作，拍好小面石渣后立即起尺，并在灰缝处再撒些小石渣，用抹子拍平。如灰缝处稍干，可淋少些水，随后粘小料石渣，再拍平，即可消除黑边。

2）抹大面边角处操作要轻、慢、细心，既不要碰坏已粘好的小八字角，也不要带灰过多，沾污小面八字处的边角。

（9）斩假石饰面剁纹不匀

现象：

斩假石饰面剁纹跑斜、凌乱，剁纹有深有浅，纹路不明走势不明显，无变化。

原因分析：

1）斩剁前，饰面未弹线，斩剁无顺序；

2）剁斧不锋利，用力轻、重不均匀；

3）各种剁斧用法不恰当、不合理。

防治措施：

1）面层抹好经过养护后，先在相距墙边 100mm 左右弹垂直线，然后沿线斩剁，才能避免剁纹跑斜，斩剁顺序应符合操作要求；

2）剁斧应保持锋利，斩剁动作要迅速。先轻剁一遍，再盖着前一遍的斧纹剁深痕，用力均匀，移动速度一致，剁纹深浅一致，纹路清晰均匀，不得有漏剁；

3）不同饰面部位应采取相应的剁斧和斩法：边缘部分应用小斧轻剁，剁花饰周围应用细斧，而且斧纹应随花纹走势而变化；纹路应互相平行，均匀一致。

（10）拉毛墙面颜色不匀

原因分析：

1）操作不当，有的拉毛移动速度快慢不一致；有的甩毛云朵杂乱无章，云朵和垫层的颜色不协调；有的干搓毛致使颜色不一致；

2）未按分格缝成活，中断留槎，造成露底，色泽不一致；

3）基层干湿程度不同，拉毛后罩面灰浆失水过快，造成饰面颜色不一致；

4）砂浆稠度变化不够稳定。

防治措施：

1）操作技术应熟练，动作做到快慢一致、有规律地进行，花纹分布均匀；

2）应按工作段或分格缝成活，不得中途停顿，造成不必要的接槎；

3）基层干湿程度应一致，避免拉毛干的部分吸收的水分或色浆多，湿的部分吸收的水分和色浆少；表面应平整，避免出现凹陷部分附着的色浆多、颜色深，凸出部分附着的色浆少、颜色浅，或光滑的部分色浆粘不住，粗糙的部分色浆粘得多。

4）拉毛时，砂浆稠度应控制稳定，以砂浆上墙不流淌为度，以免造成因稠度变化而云朵大小杂乱。

（11）拉条灰面灰条不顺直，粗细不一致

原因分析：

1）墙面施工时一步架一打吊，从上到下没有统一吊垂线、找平线和找直找方，造成棱角平直不顺；

2）上下步架用不同线模分头拉抹，上下接头处理不顺直，出现接槎。

2. 外墙面砖饰面

（1）空鼓脱落：

原因分析：

1）由于贴饰面砖的基层材质松散或有污垢、油渍以及浇水不透，都会产生底灰砂浆与基层粘贴不牢。

2）基层平整度差：底层灰薄厚不均，收缩应力不均，增大了剪应力。

3）砂浆配合比不准，稠度控制不好。

4）室外长期受冻融的影响。

防治措施：

1）基层应清洗油污（掺10％火碱水）而后冲洗干净。

2）基层光滑面应剁毛或用掺20％108胶的素水泥浆甩毛，等甩毛掰不动时，可开始抹底层灰。

3）外墙饰面砖粘结强度的检验结果应符合现行行业标准。

4）砂浆配比应准确，稠度适宜。

5）应根据当地气温选吸水率6％以下的瓷砖。

（2）泛白污染

原因分析：

1）水泥砂浆在水化过程中生成氢氧化钙等碱性溶液，从砖缝或面砖析出。雨水进入砖缝也会溶解砂浆里的水溶成分析出逐渐扩大，形成很难看的泛白现象。

2）面砖吸水率高，吸入雨水析出石灰水，泛白。

防治措施：

1）勾缝要严密，砖接缝应作防水处理。

2）选用吸水率低的面砖。

（3）接缝不平直，缝宽不均匀

原因分析：

1）施工前挑砖不严格，排砖不规矩。

2）操作技术水平低。

3）基层抹灰面不平整。

防治措施：

1）挑砖应作为一道工序控制，色泽不同、翘曲、变形、裂纹面层有杂质、几何尺寸超过标准的砖都应挑出去，同色、同规格的砖应码放在一起。

2）粘贴面砖之前先找好规矩，弹好垂直线和水平线。

3）先作样板。

4）粘贴面砖之前先稳好平尺。

3. 大理石、花岗石墙柱面

（1）接缝不平，板面纹理不顺，色泽不匀

原因分析：

基层处理不合质量要求，对板材质量检验不严，镶贴前试拼不认真，施工操作不当，一次灌浆过高。

防治措施：

1）基层清扫干净，湿做法与墙基层之间的间隙要均匀，宽度不应小于 50mm。

2）镶贴前应在墙面或柱面弹线找好规矩。

3）镶贴前先试拼排号，使其纹理通顺，色泽均匀。

4）控制灌砂浆的高度一般不应超过 150mm（一次），不应超过板高的 1/3。

（2）开裂

原因分析：

1）板材有色纹、暗缝、隐伤等缺陷，或凿洞、开槽受外力，由于应力集中引起开裂。

2）石材上下板留缝较小，结构产生沉降或产生不均匀下沉，石材板受到垂直压力。

3）灌浆不严，使侵蚀性气体和湿空气透入板缝，造成挂网锈蚀而塌落。寒冷区室外结冰膨胀使板开裂。

防治措施：

1）选料时应把好关，有暗纹、色纹、隐伤的板材不能上墙，开洞开槽用相应的机具。

2）镶贴板材时，在墙的低部与顶部都应留有一定空隙。

3）板材的接缝应小于等于 0.5～1mm，灌浆应饱满，嵌缝应严密。

（3）空鼓、脱落

原因分析：

1）结合砂浆不饱满。

2）安装饰面板时灌浆不密实。

防治措施：

1）结合层水泥砂浆应满抹、满刮，厚薄均匀，可掺入 5% 的 108 胶以提高砂浆的粘结性。

2）灌浆应分层插捣必须仔细，结合部位留 50mm 不灌，使上下结合牢固。

（4）泛白污染

原因分析：

1）由于缝隙没勾严，雨水进入，使砂浆中的水泥碱性向外污染。

2）大理石用于室外，由于气候的腐蚀。

3）运输过程中的污染。

防治措施：

1）缝隙勾严，石材背面刷界面剂，封闭吸水孔。

2）大理石一般不要用于室外。

3）运输过程中不要雨淋，也不要用易污染的材料包装。

4. 水泥砂浆地面

（1）起砂

原因分析：

1）水灰比过大，原材质量差。

2）压光过早或过迟，在压光过程中撒干水泥灰。

3）养护不适当，过早上人行走。

4）冬季施工受冻。

防治措施：

1）严格控制水灰比。

2）掌握好面层压光时间，一般分三次，第一次应在面层铺后随即用木抹子搓打、压平。第二次水泥初凝后进行压实、压光。第三次在水泥砂浆终凝前进行，主要是消除铁抹印，封闭毛细孔，压实压光。

3）做好养护工作，确保 7～10d。

4）冬季用早期强度高的普通硅酸盐水泥，同时室内温度应在 5℃以上。

（2）空鼓

原因分析：

1）垫层（或基层）表面清理不干净。

2）铺砂浆前垫层（或基层）未浇水或有积水。

3）埋设的管道过高或基层局部过高。

4）垫层（或基层）表面结合层刷浆过早。

防治措施：

1）面层铺设前应认真清理垫层（或基层）。

2）垫层（或基层）表面光滑应凿毛。

3）面层铺设前一天浇水，不得有积水。

4）结合层应随铺灰进行。

第六章 管 理

第一节 装饰工程质量控制

装饰工程施工范围：凡是人工的视觉和触觉所能见到和感觉到有功能要求及特殊美感要求的部位。

一、构成装饰工程质量的要素

1. 装饰基层质量：装饰基面的位置误差，基层的平整度、垂直度，基层强度、刚度，基层缺陷（裂缝、孔洞、污染源等）。

2. 装饰设计质量：装饰设计是否满足建筑功能要求，是否符合建筑设计规范、装饰设计艺术水平，装饰设计图纸与结构及其他专业图纸是否交圈，空间整体是否协调。

3. 装饰材料质量：装饰材料的外观尺寸、色泽及有无缺损，内在质地与各种建筑物理性能，材料的稳定性。凡涉及安全，功能的有关产品，应按各专业工程质量验收规范规定进行检验。

4. 装饰工艺水平：装饰工艺具体实施的难易程度，工艺控制的稳定性，对现场环境的适用性以及对其他工序的干扰程度。

5. 工人操作水平：工人对装饰工艺掌握的熟练程度，工人的劳动态度及劳动纪律。

6. 成品保护水平：成品保护的程度，成品保护的技术措施及施工人员的成品保护意识。

7. 装饰施工管理水平：工作质量是产品质量的基础和保证。装饰施工管理水平渗透、影响并体现在装饰工程质量及其他各要素上，主要包括：管理机构的组织形式、管理程序和制度，管理人员的素质，管理辅助工具或设备。

二、装饰工程质量控制制度

规范规定：（1）凡涉及安全、功能的有关产品，应按工程质量验收规范规定进行复验。并应经监理工程师检查认可。

（2）各工序应按施工技术，标准进行质量控制，每道工序完工后应进行检查。

（3）工种之间应进行交接检验，并形成记录。未经监理认可不得进行下道工序。

除装饰设计质量通过图纸会审予以控制外，装饰施工阶段的质量控制主要有以下制度。

1．统一放线、验收制度

结构施工完成以后，统一测设各楼层标高基准和坐标基准，逐个房间弹设坐标十字线，作为装饰施工与设备安装的统一参照物。

2．材料审批、检验制度

装饰施工单位根据装饰设计的要求选购材料，递交样品报设计单位（建筑师或监理工程师）审批，防火材料须有市级或市级以上消防专业单位检验证明。材料进场时比照经批准的样品检查、验收。装饰材料在安装之前须再次检查把关。

3．工序流程交接制度

根据装饰工程和设备安装工程各工序的逻辑关系，编制统一的工序流程，各工序的施工人员按流程先后进入工作面。前后两道工序的交接一律办理书面移交手续。上道工序的施工人员撤出工作面后，下道工序对成品保护负责。

4．工艺标准制度

对各装饰分部，分别编制工艺标准，下达到作业队，作为技术交底和施工过程控制的依据。

5．样板间制度

用选定的材料和工艺做出样板间，并经建设单位（业主）和设计单位（建筑师或监理工程师）确认后方可按样板间标准进行大面积施工。

6. 工人考核上岗制度

采用专业工长领导下的专业班组的劳动组织形式，施工前进行技术交底和操作培训，考核不合格者不得上岗操作。

7. 成品保护制度

明确成品保护的技术措施和责任划分。

成品、半成品保护要求可参考表 6-1。

成品、半成品保护要求 表 6-1

成品、半成品	保 护 要 求
门框	高度 1.2m 以下部分，用木方做防护。防止被撞坏
浴盆	1. 浴盆要加盖保护。保护盖应能承受瓷砖工及其所用材料的重量，以备浴盆周围墙面贴瓷砖时使用 2. 浴盆内不得洗刷工具和工作服
梳妆台	1. 梳妆台面安装后，立即用胶合板保护 2. 严禁将台面作为脚蹬
恭桶	1. 交工前不准用来大、小便 2. 严禁将杂物投入恭桶 3. 不准将恭桶作为脚蹬
成品地面	1. 不得将坚硬的重物直接堆放在地面上。如要在地面上支梯子，应在梯子脚底部包泡沫塑料，或在地面上垫木板，镜面大理石、花岗岩地面铺胶合板保护 2. 不得在成品地面上堆放水泥，更不准在上面拌砂浆 3. 地毯地面上不准存放工具物品，不准穿鞋踩踏，不得在铺地毯的房内抽烟、睡觉
成品墙面	1. 不得将金属材料、木料、工具靠在墙面上 2. 油漆、喷涂施工前，用纸或塑料膜覆盖保护
铝合金、不锈钢	在交工前不准揭掉覆盖在上面的塑料保护膜
玻璃	1. 玻璃安装后，应在上面用颜料写字或画标记，引起人们注意 2. 大块橱窗玻璃应用胶合板保护。喷涂作业前用塑料薄膜覆盖

8. 质量检查、验收

（1）装饰质量检查、验收包括：

1）隐蔽工程验收（凡将被外层饰面覆盖的工程内容均应列入隐蔽工程项目进行检查、验收，并做详细记录），由施工单位通知有关单位验收并形成文件；

2）工序交接验收，每道工序完成后应进行验收；

3）装饰工程完工验收，应在施工单位自行检查评定的基础上进行；

4）涉及结构安全的试块、试件及有关材料应按规定见证取样；

5）检验批的质量应按主控项目和一般项目验收；

（A）主控项目：对安全、卫生、环境保护和公众利益起决定性作用的检查项目。

（B）一般项目：除主控项目以外的检验项目。

6）涉及安全和使用功能的重要分部工程进行抽样检测；

7）观感质量应由验收人员通过现场检查，共同确认。

（2）检验批合格质量应符合下列规定：

主控项目和一般项目的质量经抽样检验合格。具有完整的施工操作依据，质量检查记录。

（3）分项工程质量验收合格应符合下列规定：

分项工程所含的检验批均应符合合格质量的规定。分项工程所含的检验批的质量验收记录应完整。

（4）注解：

分项工程应按主要工程、材料、施工工艺、设备类别等进行划分。分项工程可由一个或若干个检验批组成。检验批可根据楼层及施工段进行划分。

第二节　抹灰质量检查的内容和方法

一、概述

分项工程划分成检验批进行验收有助于及时纠正施工中出现

的质量问题，确保工程质量，也符合施工实际需要（附表：施工现场质量管理检查记录）。

其他分部工程中的分项工程，一般按楼层划分检验批；对于工程量较少的分项工程可统一划为一个检验批。

依照：建筑工程施工质量验收统一标准（GB 50300—2001）

附录 A　施工现场质量管理检查记录

A.0.1 施工现场质量管理检查记录应由施工单位按表 A.0.1填写，总监理工程师（建设单位项目负责人）进行检查，并做出检查结论。

施工现场质量管理检查记录　　开工日期：　　表 A.0.1

工程名称			施工许可证（开工证）		
建设单位			项目负责人		
设计单位			项目负责人		
监理单位			总监理工程师		
施工单位		项目经理		项目技术负责人	
序号	项　　　　目			内　　　容	
1	现场质量管理制度				
2	质量责任制				
3	主要专业工种操作上岗证书				
4	分包方资质与对分包单位的管理制度				
5	施工图审查情况				
6	地质勘察资料				
7	施工组织设计、施工方案及审批				
8	施工技术标准				
9	工程质量检验制度				
10	搅拌站及计量设置				
11	现场材料、设备存放与管理				
12					

检查结论：

总监理工程师

（建设单位项目负责人）　　　　　　　　　　年　月　日

注：由于此表是规范中的表格所以表号仍用原规范表号。

二、一般规定

各分项工程的检验批应按下列规定划分：

（1）相同材料、工艺和施工条件的室外抹灰工程每500～1000m² 应划分一个检验批，不足500m² 也应划分一个检验批。

（2）相同材料、工艺和施工条件的室内抹灰工程每50个自然间（大面积房间和走廊按抹灰面积30m² 为一间）应划分为一个检验批，不足50间也应划分一个检验批。

三、检查数量应符合下列规定

（1）室内每个检验批应至少抽查10％并不得少于3间，不足3间时应全数检查。

（2）室外每个检查批每100m² 应至少抽查一处，每处不得小于10m²。

四、一般抹灰工程

本节适用于石灰砂浆、水泥砂浆、水泥混合砂浆、聚合物水泥砂浆和麻刀石灰、纸筋石灰、石膏灰等一般抹灰工程的质量验收。一般抹灰工程分为普通抹灰和高级抹灰。当设计无要求时按普通抹灰验收。

1. 主控项目

（1）抹灰前基层表面的尘土、污垢、油渍等应清除干净，并应洒水润湿。

检验方法，检查施工记录。

（2）一般抹灰所用材料的品种和性能应符合设计要求，水泥的凝结时间和安全性复验应合格。砂浆的配合比应符合设计要求。

检验方法：检验产品合格证书、进场验收记录、复验报告和施工记录。

（3）抹灰工程应分层进行，当抹灰总厚度大于或等于35mm时，应采取加强措施。不同材料基体交接处表面的抹灰，应采取防止开裂的加强措施，当采用加强网时，加强网与各基体的搭接宽度不应小于100mm。

检验方法：检查隐蔽工程验收记录和施工记录。

（4）抹灰层与基层之间及各抹灰层之间必须粘结牢固，抹灰层应无脱层、空鼓，面层应无爆灰和裂缝。

检验方法：观察、用小锤轻击检查，检查施工记录。

2．一般项目

一般抹灰工程的表面质量应符合下列规定：

（1）普通抹灰工程表面应光滑、洁净、接槎平整，分格缝应清晰。

（2）高级抹灰工程表面应光滑洁净，颜色均匀，无抹纹，分格缝和灰线应清晰美观。

检验方法：观察、手摸检查。

（3）护角、孔洞、槽、盒周围的抹灰表面应整齐、光滑，管道后面的抹灰表面平整。

检验方法：观察。

（4）抹灰层的总厚度应符合设计要求，水泥砂浆不得抹在石灰砂浆层上，罩面石膏灰不得抹在水泥砂浆层上。

检验方法：检查施工记录。

（5）抹灰分缝的设置应符合设计要求，宽度和深度应均匀，表面应光滑，棱角应整齐。

检验方法：观察、尺量检查。

（6）有排水要求的部位应做滴水线（槽），滴水线（槽）应整齐顺直，滴水线应内高外低，滴水槽的宽度和深度均不应小于10mm。

检验方法：观察，尺量检查。

（7）一般抹灰工程质量的允许偏差的检验方法应符合表 6-2的规定。

一般抹灰的允许偏差和检验方法　　　　　表 6-2

项次	项　目	允许偏差（mm）		检验方法
		普通抹灰	高级抹灰	
1	立面垂直度	4	3	用 2m 垂直检测尺检查
2	表面平整度	4	3	用 2m 靠尺和塞尺检查

项次	项　目	允许偏差（mm）		检验方法
		普通抹灰	高级抹灰	
3	阴阳角方正	4	3	用直角检测尺检查
4	分格条（缝）直线度	4	3	拉 5m 线，不足 5m 拉通线，用钢直尺检查
5	墙裙勒脚上口直线度	4	3	拉 5m 线，不足 5m 拉通线，用钢直尺检查

注：1. 普通抹灰，本表第 3 项阴角方正可不检查。
　　2. 顶棚抹灰，本表第 2 项平整度可不检查，但应平顺。

五、装饰抹灰工程

本节适用于水刷石、斩假石、干粘石、假面砖等装饰抹灰工程质量验收。

1. 主控项目

（1）抹灰前基层表面的尘土、污垢、油渍等应清除干净，并应洒水润湿。

检验方法：检查施工记录。

（2）装饰抹灰工程所用材料的品种和性能应符合设计要求，水泥的凝结时间和安定性复验应合格，砂浆的配合比应符合设计要求。

检验方法：检查产品合格证书、进场验收记录、复验报告和施工记录。

（3）抹灰工程应分层进行，当抹灰总厚度大于或等于 35mm 时，应采取加强措施，不同材料基体交接处表面的抹灰，应采取防止开裂的加强措施，当采用加强网时，加强网与各基体的搭接宽度不应小于 100mm。

检验方法：检查隐蔽工程验收记录和施工记录。

（4）各抹灰层之间及抹灰层与基体之间必须粘接牢固，抹灰层应无脱层、空鼓和裂缝。

检验方法：观察，用小锤轻击检查，检查施工记录。

2. 一般项目

装饰抹灰工程的表面质量应符合下列规定：

（1）水刷石表面应石粒清晰，分布均匀，紧密平整，色泽一致，应无掉粒和接槎痕迹。

（2）斩假石表面剁纹应均匀顺直，深浅一致，应无漏处。阳角处应横剁并留出宽窄一致的不剁边条，棱角应无损坏。

（3）干粘石表面应色泽一致，不露浆、不漏粘，石粒应粘结牢固，分布均匀，阳角处应无明显黑边。

（4）假面砖表面应平整，沟纹清晰，留缝整齐，色泽一致，应无掉角、脱皮、起砂等缺陷。

检验方法：观察，手摸检查。

（5）装饰抹灰分格条（缝）的设置应符合设计要求，宽度和深度应均匀，表面应平整光滑，棱角应整齐。

检验方法：观察。

（6）有排水要求的部位应做滴水线（槽），滴水线（槽）应整齐顺直，滴水线应内高外低，滴水槽的宽度和深度均不应小于10mm。

检验方法：检查方法；观察，尺量检查。

（7）装饰抹灰工程质量的允许偏差和检验方法符合表6-3的规定。

装饰抹灰的允许偏差和检验方法 表6-3

项次	项　目	允许偏差（mm）				检　验　方　法
		水刷石	斩假石	干粘石	假面砖	
1	立面垂直度	5	4	5	5	用2m垂直检测尺检查
2	表面平整度	3	3	5	4	用2m靠尺和塞尺检查
3	阳角方正	3	3	4	4	用直角检测尺检查
4	分格条（缝）直线度	3	3	3	3	拉5m线，不足5m拉通线，用钢直尺检查
5	墙裙勒脚上口直线度	3	3	—	—	拉5m线，不足5m拉通线，用钢直尺检查

六、清水砌体勾缝工程

本节适用于清水砌体砂浆勾缝和原浆勾缝工程的质量验收。

1．主控项目

（1）清水砌体勾缝所用水泥的凝结时间和安定性复验应合格，砂浆的配合比应符合设计要求。

检验方法：检查复验报告和施工记录。

（2）清水砌体勾缝应无漏勾。勾缝材料应粘结牢固，无开裂。

检验方法：观察。

2．一般项目

（1）清水砌体勾缝应横平竖直，交接处应平顺，宽度和深度应均匀，表面应压实抹平。

检验方法：观察，尺量检查。

（2）灰缝应颜色一致，砌体表面应洁净。

检验方法：观察。

第三节　饰面板（砖）工程质量验收标准

一、一般规定

各分项工程的检验批应按下列规定划分：

（1）相同材料、工艺和施工条件的室内饰面板（砖）工程每50间（大面积房间和走廊按施工面积 30m² 为一间）应划分为一个检验批，不足50间也应划分为一个检验批。

（2）相同材料、工艺和施工条件的室外饰面板（砖）工程每500~1000m² 应划分为一个检验批，不足 500m² 也应划分为一个检验批。

二、饰面板安装工程

本节适用于内墙饰面板安装工程和高度大不于 24m，抗震设防烈度不大于 7 度的外墙饰面板安装工程的质量验收。

1．主控项目

（1）饰面板的品种、规格、颜色和性能应符合设计要求。

检验方法：观察，检查产品合格证书，进场验收记录和性能检测报告。

（2）饰面板孔、槽的数量、位置和尺寸应符合设计要求。

检验方法：检查进场验收记录和施工记录。

（3）饰面板安装工程的预埋件（或后置埋件）连接件的数量、规格、位置、连接方法和防腐处理必须符合设计要求。后置埋件的现场拉拔强度必须符合设计要求，饰面板安装必须牢固。

检验方法：手扳检查、检查进场验收记录，现场拉拔检测报告、隐蔽工程验收记录和施工记录。

2．一般项目

（1）饰面板表面应平整、洁净、色泽一致，无裂痕和缺损，石材表面应无泛碱等污染。

检验方法：观察。

（2）饰面板嵌缝应密实、平直、宽度和深度应符合设计要求，嵌填材料色泽应一致。

检验方法：观察、尺量检查。

（3）采用湿作业法施工的饰面工程，石材应进行防碱背涂处理，饰面板与基体之间的灌注材料应饱满、密实。

检验方法：用小锤轻击检查，检查施工记录。

饰面板上的孔洞应套割吻合，边缘应整齐。

检验方法：观察。

（4）饰面板安装的允许偏差和检验方法应符合表6-4的规定。

饰面板安装的允许偏差和检验方法　　　　　　表6-4

项次	项　目	允许偏差（mm）							金属方法
		石　材			瓷板	木材	塑料	金属	
		光面	剁斧石	蘑菇石					
1	立面垂直度	2	3	3	2	1.5	2	2	用2m垂直检测尺检查
2	表面平整度	2	3	—	1.5	1	3	3	用2m靠尺和塞尺检查

221

项次	项目	允许偏差（mm）							金属方法
		石材			瓷板	木材	塑料	金属	
		光面	剁斧石	蘑菇石					
3	阴阳角方正	2	4	4	2	1.5	3	3	用直角检测尺检查
4	接缝直线度	2	4	4	2	1	1	1	拉 5m 线，不足 5m 拉通线，用钢直尺检查
5	墙裙勒脚上口直线度	2	3	3	2	2	2	2	拉 5m 线，不足 5m 拉通线，用钢直尺检查
6	接缝高低差	0.5	3	—	0.5	0.5	1	1	用钢直尺和塞尺检查
7	接缝宽度	1	2	2	1	1	1	1	用钢直尺检查

三、饰面砖粘贴工程

本节适用于内墙饰面砖粘贴工程和高度不大于 100m，抗震设防烈度不大于 8 度，采用满粘法施工的外墙饰面砖粘贴工程的质量验收。

1. 主控项目

（1）饰面砖的品种、规格、图案、颜色和性能应符合设计要求。

检验方法：观察，检查产品合格证书、进场验收记录、性能检测报告和复验报告。

（2）饰面砖粘贴工程的找平、防水、粘结和勾缝材料及施工方法应符合设计要求及国家现行产品标准和工程技术标准的规定。

检验方法：检查产品合格证书、复验报告和隐蔽工程验收记录。

（3）饰面砖粘贴必须牢固。

检验方法：检查样板件粘结强度检测报告和施工记录。

（4）满粘法施工的饰面砖工程应无空鼓、裂缝。

检查方法：观察，用小锤轻击检查。

2. 一般项目

222

（1）饰面砖表面应平整、洁净，色泽一致，无裂痕和缺损。

检验方法：观察。

（2）阴阳角处搭接方法，非整砖使用部位应符合设计要求。

检验方法：观察。

（3）墙面突出物周围的饰面砖应整砖套割吻合，边缘应整齐，墙裙、贴脸突出墙面的厚度一致。

检验方法：观察，尺量检查。

（4）饰面砖接缝应平直、光滑，填嵌应连续、密实、宽度和深度应符合设计要求。

检验方法：观察，尺量检查。

（5）有排水要求的部位应做滴水线（槽）、滴水线（槽）应顺直，流水坡应正确，坡度应符合设计要求。

检验方法：观察，用水平尺检查。

（6）饰面砖粘贴的允许偏差和检验方法应符合表 6-5 的规定。

饰面砖粘贴的允许偏差和检验方法 表 6-5

项次	项　目	允许偏差（mm）		检 验 方 法
		外墙面砖	内墙面砖	
1	立面垂直度	3	2	用 2m 垂直检测尺检查
2	表面平整度	4	3	用 2m 靠尺和塞尺检查
3	阴阳角方正	3	3	用直角检测尺检查
4	接缝直线度	3	2	拉 5m 线，不足 5m 拉通线，用钢直尺检查
5	接缝高低差	1	0.5	用钢直尺和塞尺检查
6	接缝宽度	1	1	用钢直尺检查

3．粘结强度检验

外墙饰面砖工程，应进行粘结强度检验。其取样数量、检验方法、检验结果、判定均应符合现行行业标准《建筑工程饰面砖粘结强度检验标准》（JGJ 110）的规定。由于该方法是破坏性检验，破损饰面砖不易复原，检验操作也有难度。故规定在外墙饰面砖粘贴前和施工过程中均应制作样板件，做粘结强度试验。

第四节 计算机在工程技术
及施工管理上的应用

电子计算机英文称做"computer"日本人叫它"人工电脑"，是因为电子计算机是模仿人脑的部分功能而制成的一种计算工具。它的结构、特点和工作过程与人脑有类似之处，而且在运算速度、运算精度，甚至超过人脑。

电子计算机的功能已经包括数值计算、信息处理、实时控制、计算机辅助设计、计算机辅助教育、人工智能教育等等。正是由于计算机的功能如此的强大，所以逐渐被应用于社会各个领域，它不但自身发展迅速，而且带动了各个领域科学的发展并极大地提高了人们的工作效率，用实际效果验证了"科学是第一生产力"的论点。我国的计算机行业相对于发达国家起步较晚，无论在软、硬件开发还是在计算机的应用上都落后于发达国家。但这几年的我国计算机行业发展的速度却是惊人的，计算机的应用领域也越来越广泛。

我国建筑业发展速度非常快，特别是建筑装饰业，以每年递增20％的速度向前发展，极大地带动了建筑业的科技工作者加快应用计算机技术、智能方法于工程施工的工艺技术过程，实现更高的施工技术水准。为此我们侧重于智能方法的施工实践，在建设项目的施工文件编制、施工技术方案和施工组织设计的实施中逐步实现现场办公自动化。计算机辅助设计系统、计算机信息管理系统已取得了一些成果。但是由于建筑装饰施工技术的日新月异，计算机领域的技术更新也十分迅速，而且限于我们的水平，仅在建筑装饰施工的计算机管理工作方面作粗略的介绍。其中有很多不全面的地方，有待进一步研究和完善。

一、施工现场的技术管理中应用计算机管理

随着现代化建筑装饰施工发展，施工领域高级技师人才开始

涌现，管理的硬件得到了进一步改善。目前在工程施工领域已具备了计算机辅助设计系统配置、现代化管理系统配置等条件。当前施工现场、项目管理部门都配有计算机系统，虽然有的还没有配套集成，但已初步形成智能管理方法的雏形，也为进一步的应用打下了基础。

1. 应用计算机管理的硬件已经成熟

目前我们的建筑装饰企业内部技术管理和行政管理的硬件条件已具备一定规模，但系统的应用还有差距。有效地使用这些硬件的潜力，大大促进建筑装饰业的技术进步和创造极大的劳动生产率，从而加速自身的发展。

2. 应用计算机的软件条件逐步形成

由于硬件已经有基础，建筑装饰企业在工程技术人员的努力下已具备有一定的软件开发能力，已开发出了施工定额软件、文件资料管理软件等，特别是在设计方案的三维构思与应用方面，显示出了极大的潜力。由于计算机建立的三维模型及影像处理，是通过对人眼视点的模拟，使设计者的构思表现更接近现实。

二、简要介绍施工领域应用计算机的几种内容

1. 文字处理

文字处理是计算机较为普遍的功能，各行各业几乎都离不开文字处理。在这方面 Microsoft 的 Word 文字处理器已经被越来越多的人使用，尤其是 Word2000 更是备受青睐，它不仅易学易用、界面友好，图文混排和轻松直观的表格处理功能更是强大，独特的功能可以使用户按自己的要求不断增强 Word。方案中的图表，再也不用像以前那样通过复印的"技术"来实现了，图像可直接编入文档，成为文档的一部分，以后随调随出；表格功能非常有用，我们常用的致函、发文等格式均可作一个模板，以后把这个格式调出来添加内容就行了，省去了许多重复工作。我们可以很轻松地编写出正规的文件、生动直观的方案和文章，而这一切，没有计算机强大的处理功能是很难实现的。

2. 工程绘图

这可是在建筑行业最常用的功能，如今许多设计院都已经进入了电脑绘图的时期，电脑绘图的主要优点是：绘制速度快——电脑绘图的快主要体现在复杂的图上，几十条轴线或柱网只需几秒钟就出来了，再复杂的区域放大后也变得简单了，输入几个数字就能画一条线，而不用尺子去量；尺寸精确——电脑绘制的图形，从理论上讲是分毫不差的，所差的只是打印机的误差，这一点是手工绘图无论如何也做不到的；修改方便——要修改只要调出图形就可任意修改，想保留一份原图也没问题；便于管理——所有图形均保存在计算机的硬盘中，可以随时调用，不但查找方便而且只要一张软盘就可携带交流；图像共享——每张图中已经绘好的元素，在其他的图中可以方便地调用，大量减少了重复作业，从而节省了时间。

3. 数据分析

数据分析是电脑的老本行。其做的任何工作都是在进行数据的分析与处理，这里所说的数据分析主要指对实际的工程数据进行分析。比如：某工程混凝土底板为大体积混凝土，在底板施工过程中我们为了随时掌握混凝土的温度状况，以便对混凝土质量和施工进行控制，故在混凝土预埋了温度感应元件，然后定时对混凝土进行测温并统计出数据，统计出来的温度数据既枯燥也不易理解，我们利用 Excel（电子表格）对数据进行分析，绘制温度曲线图，直观的图形方式让人一看就对混凝土的温度变化了如指掌。这项工作在电脑上完成相当简单和快速，只需把原始数据输入到电脑中，其他的运算处理及绘制图形均由电脑自动完成，只需几小时便可处理完上百组数据，但若要手工绘制，没有一星期是完不成的，图形的质量也不可能达到电脑的标准。

4. 图像处理

图像处理并不是只有广告公司才用得上，建筑行业同样也需要推广。我们一般将有用的照片、图纸扫描后，进行加工处理，然后插入方案或文档中，从而增加文章的可视性。图纸的处理在这里相当重要，因为建筑图纸经过一段时间后，往往很不清楚，急需要用此图，就只能利用电脑对其进行翻新处理，这也是手工工作难以完成的。

5. 项目管理

搞工程和项目管理分不开，常见的横道图、网格图就是项目管理的基本手段。目前有很多很好的项目管理软件，当各方在数据已经齐全的情况下，一张计划表只需要一天时间就可编排完成，以后每次修改也只需要几小时即可，手工绘制的工作量及繁琐步骤我想大家也都深有体会。

6. 程序设计

电脑本身并不能"医治百病"。它也有解决不了的问题，在工程施工上，建筑行业的计算公式多达几千，每个建筑又都是千变万化的，有许多工作都是已有的软件不能处理的，但这并不意味着电脑对这些工作没有了办法，电脑用途之广的一个重要原因就是用户可以根据自己的特殊需要而不断发展完善电脑的软件，使其更好地为我们工作。另外，大多数应用软件也都有扩充自己功能的语言和方法，灵活运用它们将能最大限度地发展软件的能力，也为自己带来更多的便利。我们就通过编写一些软件和扩充已有软件功能的方法来实现自己工作的特殊要求，从而方便我们的工作。

7. 电话传真

用电脑打电话、发传真在五年前还是不可思议的，但现在已经非常普遍了，电话和传真的优点就不多说了，但是在电脑上打电话和发传真可有其独特之处，文件在电脑上编排完后就可直接以数据形式发送出去，通过扫描仪将书面文件图像扫描进电脑后也可以修改，然后发送出去。接到的传真文件可以立即在电脑上修改处理并直接存入硬盘，这样非常有利于文件的管理，以上这些特殊的功能是任何一种传真机所办不到的。

8. 三维效果

如今计算机除了在建筑外观的构思、三维模型的建立等方面有着广泛的应用外，在室内装饰设计领域也被广泛地应用于表现设计思想，建立三维模型，制作室内装饰效果图。

所谓室内装饰表现图是指建筑师用来表达设计思想，展示其设计品质的建筑画，而室内装饰表现图的计算机辅助设计，则是利用计算机这种特殊的工具绘制的装饰表现图。它与传统手工绘制的效果图相比有着突出的优点：

(1) 计算机可以自动地控制图形的绘制和色彩的施加。

(2) 可以灵活地选择观看三维模型的角度。

(3) 图形修改、编辑比较容易。

(4) 可以贮存和复制图形。

某大厦工程底板形式非常复杂，令人难以理解，而制作模型又需要一段时间，所以在准备工作中，我们运用 CAD 三维绘图功能，将底板的立体形状绘制出来，供钢筋翻样及其他施工人员参考，取得了良好的效果。

9. 资料管理

任何工程都离不开数据，离不开资料的管理，这就需要查阅大量的资料，而查阅资料最方便快捷的途径就是通过电脑查寻。电脑查寻的信息量大，现在一张光盘可以储存上千张图片或上千万的文字资料，如果联接了互联网络，则全世界的住处都可以查到。另一方面，电脑查寻的速度快，你可以通过各种检索方式进行查寻，一般只需几秒钟，有关你所需的信息就能查到。还有一点很重要，查到的结果可以立即编入文档，省去了很多编辑时间，实现了资料与工程同时竣工。

10. 对外宣传

由于条件所限，这一项我们暂时做到的还只是局限于制作一些文本宣传，但实际上这也是电脑最有用的功能之一，通过宣传才能使其他人认识人们，通过电脑的宣传可以使更多的人认识我们，从而为企业带来巨大的潜在市场。因为，一但进入互联网，就等于和世界联接上了，全世界在网上的人都有可能注意到你。通过以前的实践，我们已经尝到了发展电脑的甜头，所以我们下一步的目标就是要大力发掘电脑的潜力。

11. 其他功能

可以利用 Windows 的造字程序选出一些很特殊的文字，也可以用计算器进行一些数字运算等等。

有关钢翻、木翻的软件现在还没有太理想的，但是，随着软硬件技术的不断提高，利用电脑进行翻样一定会取代手工绘图的。

12. 发展方向

电脑的应用广泛，它极大地提高了工作效率。建筑施工本身就是多专业、多领域互相协作的工作，这就使得建筑行业对电脑功能的需求要比其他的行业广阔得多，如果能充分利用电脑为我们提供的高效率，将大大地提高企业的经济效益和社会效益。在市场竞争如此激烈的今天，每个有远见的企业领导都应该看到这一点，在其他竞争对手大力发展高科技管理的时候，自己却停步不前，必将被社会所不"兼容"。所以电脑在建筑行业的发展潜力是非常巨大的，在施工现场的广泛应用也必成为主流。因此投入一些资金和人力，把企业的管理水平进行质的改变、把工作效率进行飞跃性的提高还是完全有必要的。

我不能说我们的计算机发挥了全部功能，因为我们直到现在所做的也只是计算机应用领域的"冰山一角"而已，但我们一直在努力挖掘，以提高我们整体的施工技术及管理水平。

第五节　施工方案的编制

施工方案是施工组织设计家族中的一员，多用于新技术项目和复杂的分项工程施工，根据其特点和需要编制施工方案。

一、施工方案的主要内容

(1) 分项工程的特点：简要叙述工程结构、建筑和分项工程的特点，以及做法要求等。

(2) 施工部署：包括流水段的划分，施工组织与协作单位的配合关系，主要分项工程的施工顺序，开工与完工日期及分阶段施工的工期要求。

（3）施工方法和技术措施：根据分项工程的特点简要叙述主要的施工方法（包括工序搭接）和技术措施，包括保证工程质量、成品保护、安全、消防、节约等方面的技术措施及新技术、新工艺、新经验。

（4）分项工程工序搭接的顺序及配合协作的要求。

（5）工期要求。

（6）劳动力计划。

（7）机具需要计划。

以上是附属于单位工程或建筑装饰分部工程施工的分项施工方案应包括的内容。如果抹灰工程或饰面板（砖）工程作为单独的子分部工程承接施工任务，施工方案还应包括以下内容：

（8）施工总平面图：

1）施工用地范围；

2）现场临时设施；

3）水电源线路、排水系统、变压器位置、消防设备、交通道路；

4）材料、半成品、成品存放位置。

（9）遇到冬、雨期施工时的措施。

二、编制的主要方法

一般选用流水施工的方法合理安排各工种工艺工序中的流水程序。将工程分成工作量大致相等的若干施工段，工人连续均衡地进行施工操作，以满足生产要素管理。

平行流水作业是根据各工程之间及各工序之间的逻辑关系进行合理搭接的生产组织形式。它建立在分工协作和连续性生产的基础上。

第六节　经济管理

一、招标方式

目前，国际上通行的招标方式主要有公开招标和选择性招标两种。以公平、公正、科学和择优为原则。

1. 公开招标

由招标单位通过招标办发布招标通告，公开邀请承包商参加竞标，凡符合规定条件的承包商都可自愿参加投标。这种做法使招标单位有较大的选择范围，可以在众多的投标单位之间选择报价合理、工期较短、信誉良好的承包商，将工程委托给他负责完成，因而有助于开展竞争，打破垄断，促使承包企业努力提高工程质量，缩短工期，并降低工程成本。

2. 选择性招标

它是由招标单位通过招标办向经预先选择的数目有限的承包商发出招标通告，要求他们参加招标工程项目的招标竞争。例如：北京市规定被邀请的投标单位应在四家以上，英国的习惯做法是不少于四家不超过八家，采用这种招标方式，由于被邀请参加竞争的投标者为数有限，不仅可以节省招标费用。而且能提高每个投标者的中标几率，所以对招标、投标双方都有利。不过，这种招标方式限制了竞争范围，把许多可能的竞争者排除在外，是不符合自由竞争、机会均等原则的。为了弥补这一不足，国际上惯用的做法是在资格预审的基础上选择邀请投标的承包商，即先发出为某一工程项目招标进行投标资格预审的通知，从报名参加资格预审的承包商中选择适当的投标者。

依照《招标投标法》、《建筑法》、《房屋建设和市政基础设施工程施工招标投标法》。

二、工程项目成本核算

工程项目成本的核算，不同于一般的企业工程施工的核算。企业工程施工核算的原则是适应企业施工管理组织体制，实行统一领导、分级核算。工程项目成本的核算是适应施工单位项目管理组织体制。工程项目核算的具体方法是：

（1）以工程项目为核算对象，核算工程项目的全部预算成本、计划成本和实际成本，包括主体工程、辅助工程、装饰工程、配套工程以及管线工程等等。

（2）划清各项费用开支界限，严格遵守成本开支范围。各项费用开支界限，要按照国家和主管部门规定的成本项目对项目工程发生的生产费用进行归档，严格遵守成本开支范围。要对工程项目的成本进行控制，控制不合理的费用支出，使其实际成本控制在工程项目投资之内。

（3）建立目标成本考核体系，项目成本目标确定之后，将其目标分解落实到项目班子中的各有关负责人，包括成本控制人员、进度控制人员、合同管理人员以及技术、质量管理人员等，直至生产班组和个人，在施工过程中，要建立目标成本完成考核信息，并及时反馈到项目班子中各有关人员，及时做出决策，提出措施，更好地控制成本。

（4）加强基础工作，保证成本计算资料的质量。这些基础工作，除了贯彻各项施工定额外，还应包括材料的计量、验收、领退、保管制度和各项消耗的原始记录等。

（5）坚持遵循成本核算的主要程序，正确计算成本和盈亏的主要程序是：

1）按照费用的用途和发放的地点，把本期发生和支付的各项生产费用汇集到有关生产费用科目中；

2）月末将汇集在"辅助生产"帐户的辅助生产费用，按照各受益对象的受益数量，分配并转入"工程施工"、"管理费用"等账户中。

3）月末各个工程项目凡使用自有施工机械的，应由本月负担的施工机械使用费用转入成本。

4）月末，将由本月成本负担的待摊费用和预提费用转入工程成本。

5）月末，将归集在"管理费用"中的施工管理费用，按一定的方法分配并转入工程项目成本。

6）工程竣工（月、季末）后，结算竣工工程（月、季末已完工程）的转入"工程结算"科目借方，以其与"工程结算"科目的贷方差额结算工程成本降低额或亏损额。

三、装饰工程工料控制

1. 人工费控制

（1）编制工日预算：编制工日预算是用劳动定额控制人工费的基础。劳动定额中时间定额和产量定额互为倒数。工日预算应分工种、分装饰子项来编制。

$$某装饰子项额定用工数 = \frac{该子项工程量}{该子项工日产量定额}$$

由于装饰工程的发展很快，装饰工程日新月异，装饰用工定额往往跟不上施工的需要。这就要求装饰施工企业加强自身的劳动统计，根据已竣工的工程的统计资料，自编相应的产量定额。

$$某装饰子项工日产量定额 = \frac{相似工程该装饰子项工程量}{相似工程该子项用工总工日数}$$

（2）安排作业计划：安排作业计划的核心是为各工种操作班组提供足够的工作面，避免窝工，保证施工正常进行。

在执行计划的过程中，必须随时协调，解决影响正常施工的问题。如果某一工序的进度因某种因素而耽误了，这就意味着它的所有后续工序将出现窝工，必须及时解决。

（3）执行施工任务单制度：施工任务单的内容主要包括：工程项目、工程量、产量定额、计划用工数、工作开始日期、质量及安全要求等。

施工任务单由工长与定额管理人员共同签发、考核与验收。

执行施工任务单制度应注意工程内容的划分与定额范围的一致性，并对施工数量、质量、安全、材料耗用、成品保护等全面考核、验收，以此作为工人班组分配的依据。

（4）班组承包：班组承包是当前装饰施工中较常见的劳动组织形式。比如按一套客房的装饰为单位，确定完成全部工作各工种工资的承包额。这种直接按货币承包的方式必须事先掌握大量统计资料，使承包金额与工程量及施工难度相称，各工种之间保持平衡，切忌分配不公，同时留有一定余地，以便调动工人积极性。承包任务应全面覆盖工程量、质量、安全、材料消耗、成品保护等各方面，不留缺口。

2．材料费控制

（1）把好材料订货关，做到"准确"、"可靠"、"及时"、"经济"。

准确：材料品种、规格、数量与设计一致；

可靠：材料性能、质量符合标准；

及时：供货时间有把握；

经济：材料价格应低于预算价格。

（2）把好材料验收、保管关：经检验质量不合格或运输损坏的材料，应立即与供应方办理退货、更换手续。

材料保管要因材设库、分类码放，按不同材料各自特点，采取适当的保管措施。如对木制品、地毯、壁纸要注要防潮、防晒、防鼠；对油漆、涂料注意防火；对大理石、玻璃、镜子、陶瓷制品注意防撞击。

装饰材料中有相当一部分贵重物品，应特别注意加强保安工作，防止被盗。

（3）把住发放关：班组凭施工任务单填写领料单，到材料部门领料。工长应把施工任务单副本交工地材料组，以便材料组限额发料。实行材料领用责任制，专料专用，班组用料超过限额应追查原因，属于班组浪费或损坏，应由班组负责。

（4）把好材料盘点、回收关：完成工程量的70％时，应及时盘点，严格控制进料，防止剩料。施工剩余材料要及时组织退库。回收包括边角料和旧楼改造中拆除下来的可用材料。班组节约下来的材料退库，应予以兑现奖励。回收材料要妥善地分类保管，以备工程保修期使用。

第七节　安　全

一、安全保证计划的实施

1．项目经理安全职责应包括：认真贯彻安全生产方针、政策、法规和各项规章制度，制定和执行安全生产管理办法，严格执行安全考核指标和安全生产奖惩办法，严格执行安全技术措施、审批和施工安全技术措施交底制度，定期组织安全生产检查和分析，针对可能产生的安全隐患制定相应的预防措施。当施工过程中发生安全事故时，项目经理必须按安全事故处理的有关规定和程序及时上报和处置，并制定防止同类事故再次发生的措施。

2. 安全员安全职责应包括：落实安全设施的设置，对施工全过程的安全进行监督、纠正违章作业，配合有关部门排除安全隐患，组织安全教育和安全活动，监督劳保用品质量和正确使用。

3. 班组长安全职责应包括：安排施工生产任务时，向本工种作业人员进行安全措施交底。严格执行本工种安全技术操作规程，拒绝违章指挥，作业前应对本次作业所使用的机具、设备、防护用具及作业环境进行安全检查，消除安全隐患，检查安全标牌是否按规定设置，标识方法和内容是否正确完整，组织班组开展安全活动，召开上岗前安全生产会，每周应进行安全讲评。

4. 操作工人安全职责应包括：认真学习并严格遵守安全技术操作规程，不违规作业，自觉遵守安全生产规章制度，执行安全技术交底和有关安全生产的规定，服从安全监督人员的指导，积极参加安全活动，爱护安全设施；正确使用防护用具，对不安全作业提出意见，拒绝违章操作。

二、实施安全教育应符合下列规定

1. 项目经理部的安全教育内容

学习安全生产法律、法规、制度和安全纪律，讲解安全事故案例。

2. 了解所承担施工任务的特点

学习施工安全基本知识，安全生产制度及相关工种的安全技术操作规程，学习机械设备和电器使用，高空作业等安全基本知识，学习防火、防毒、防爆、防洪、防尘、防雷击、防触电、防高空坠落，防物体打击，防坍塌，防机械伤害知识及紧急安全救护知识，了解安全防护用品发放标准及防护用具、用品使用基本知识。

3.班组安全教育内容

了解本班组作业特点，学习安全操作规程、安全生产制度及纪律，学习正确使用安全防护装置及个人劳动防护用品知识，了解本班组作业中的不安全因素及防范对策，作业环境及所使用的机具安全要求。

三、安全技术交底的实施，应符合下列规定

（1）单位工程开工前，项目经理的技术负责人必须将工程概况、施工方法、施工工艺、施工程序、安全技术措施，向承担施工的作业负责人、工长、班组长和相关人员进行交底。

（2）复杂的分部分项工程施工前，项目经理部的技术负责人应有针对性地进行全面、详细的安全技术交底。

（3）项目经理部应保存双方签字确认的安全技术交底记录。

（4）对更换新项目、新岗位的工人要进行岗位安全技术教育，未经教育不得上岗操作。

四、安全检查

（1）项目经理应组织项目经理部定期对安全控制计划的执行情况进行检查考核和评价。对施工中存在的不安全行为和隐患，项目经理部分析原因并制定相应整改防范措施。

（2）项目经理部应根据施工过程的特点和安全目标的要求，确定安全检查内容。

（3）项目经理部安全检查应配备必要的设备或器具，确定检查负责人和检查人，并明确检查内容及要求。

（4）项目经理部安全检查应采取随机抽样、现场观察、实地检测相结合的方法，并记录检测结果，对现场管理人员的违章指挥和操作人员的违章行为应进行纠正。

（5）安全检查人员应对检查结果进行分析，找出安全隐患部位，确定危险程度。

（6）项目经理部应编写安全检查报告。

五、安全隐患和安全事故处理

（1）项目经理部应区别"通病"、"顽症"首次出现不可抗拒等类型，修订和完善安全整改措施。

（2）项目经理部应对检查出的隐患立即发出安全隐患整改通知单，受检单位应对安全隐患原因进行分析，制定纠正和预防措施，纠正和预防措施应交检查单位负责人批准后实施。

（3）安全检查人员对检查出的违章指挥和违章作业行为向责任人当场指出，限期纠正。

（4）安全员对纠正和预防措施的实施过程和实施效果应进行跟踪检查，保存验证记录。

六、施工现场安全技术

1. 个人劳动保护

参加施工的工人，要熟知本工种的安全技术操作规程。在操作中，应坚守工作岗位，严禁酒后操作。

机械操作人员必须身体健康，并经过专业培训合格，取得上岗证。学员必须在师傅指导下进行操作。

进入施工现场，必须戴安全帽，禁止穿硬底鞋和拖鞋。机械操作工的长发不得外露。在没有防护设施的高空施工，必须系安全带。距地面 3m 以上作业要有防护栏杆、挡板或安全网。安全帽、安全带、安全网要定期检查，不符合要求的严禁使用。

施工现场的脚手架、防护设施、安全标志和警告牌，不得擅自拆动，需要拆动的应经工地施工负责人同意。

施工现场的洞、坑、沟、升降口、漏斗等危险处，应有防护设施或明显标志。

2. 高空作业安全技术

从事高空作业的人员要定期体检。经医生诊断，凡患高血压、心脏病、贫血病、癫痫病以及其他不适于高空作业的，不得从事高空作业。

高空作业衣着要轻便，禁止穿硬底鞋或带钉易滑的鞋。

高空作业所用材料要堆放平稳，工具应随手放入工具袋内。

上下传递物件禁止抛掷。

遇有恶劣气候（如风力在六级以上）影响安全施工时，禁止进行露天高空作业。

攀登用的梯子不得缺档，不得垫高使用。梯子横档间距以30cm为宜。使用时上端要扎牢，下端应采取防滑措施。单面梯与地面夹角以 60°～70°为宜，禁止两人同时在梯上作业。如需接长使用，应绑扎牢固。人字梯底脚要拉牢。在通道处使用梯子，应有人监护或设置围栏。

乘人的外用电梯、吊笼，应有可靠的安全装置。禁止随同运料的吊篮、吊盘等上下。

第八节　技　术　总　结

总结经验也是一种提高的过程，技术总结更是这样，搞好技术总结，有助于技术水平的提高，更可以使今后汲取经验教训，少走弯路。如何做好技术总结，主要有三个方面。

一、选择好总结题材

凡是有经验、有创新或有过教训的事情，都值得总结。对于建筑施工技术来说，大体上有以下几个方面：

（1）技术复杂，施工难度较大或有突出特点的结构，如大跨度、大悬挑、大层高、高耸、深基结构或大体积、大面积薄型、重型结构。

（2）新技术项目，包括新材料、新结构、新工艺。

（3）容易出技术、质量问题的工程部位。

（4）在提高工程质量、加快施工进度或节省材料、降低成本等方面做得较突出的方面。

二、搜集好素材

素材是总结材料的基础。总结执笔人最好是亲身参加工作的，而且要深入搜集素材，掌握素材的具体内容。例如，要进行某一分项工程的技术总结，则应掌握该项目在整体中的作用，是如何施工的，走了哪些弯路？碰到哪些问题？如何解决的？并弄清其主要技术经济指标。

三、技术总结的主要内容

技术总结文章的总结形式是多种多样的，可以根据各自的习惯去写，但为了阐明问题，一般应包括以下内容：

（1）概况：或写此总结的主要目的。对一个分项工程来说，说明工程特点，主要尺寸数据，有哪些难点，当前通用做法情况等。

（2）具体做法的主要内容或新做法有哪些改进，施工（试验）过程中遇到哪些问题，出了什么质量事故，如何克服、处理问题等。

（3）主要优缺点与技术经济效果。

（4）体会经验存在问题及今后改进方向与意见，也可以根据施工的体会，做出推荐性的结论。

（5）必要时，拟订出包括由准备工作（包括机具与材料要求等）作业条件、操作要点到质量安全、注意事项等全过程的工艺规程。

参考文献

1. 王华生，赵慧如，王江南编．装饰材料与工程质量验评手册．北京：中国建筑工业出版社，1997

2. 中建建筑承包公司编．中国绿色建筑/可持续发展建筑国际研讨会论文集．北京：中国建筑工业出版社，2001

3. 李必瑜主编．建筑构造上册（第二版）．北京：中国建筑工业出版社，2000

4. 朱维益编．抹灰工手册．北京：中国建筑工业出版社，1999

5. 中建建筑承包公司组织编写．干挂石材的全过程设计与施工．北京：中国建筑工业出版社，2001